海洋油气勘探数智化应用与探索

廖 晋 金云智 刘 为 著

中国石化出版社
·北 京·

图书在版编目(CIP)数据

海洋油气勘探数智化应用与探索 / 廖晋，金云智，刘为著. -- 北京：中国石化出版社，2025.4. -- ISBN 978-7-5114-7924-2

Ⅰ. P618.130.8-39

中国国家版本馆 CIP 数据核字第 2025WH7426 号

中国石化出版社出版发行

地址:北京市东城区安定门外大街 58 号

邮编:100011　电话:(010)57512442

http://www.sinopec-press.com

E-mail:press@sinopec.com

北京捷迅佳彩印刷有限公司印刷

全国各地新华书店经销

*

710 毫米×1000 毫米　16 开本　7 印张　145 千字

2025 年 4 月第 1 版　2025 年 4 月第 1 次印刷

定价：78.00 元

前　言

在全球能源需求持续增长与能源结构转型加速的背景下，海洋油气资源作为保障国家能源安全的重要战略储备，已成为全球能源竞争的新焦点。当前，新一代信息技术正以颠覆性力量重塑油气工业格局，国际石油公司纷纷通过数智化转型抢占技术制高点。我国海洋油气勘探面临深水深层、高温高压、低孔低渗等勘探难度升级和作业环境复杂等严峻挑战，亟须以数智化技术破解传统勘探模式的效率瓶颈与成本困局。本书希望通过梳理数智化技术在海洋油气勘探中的创新应用，构建从数据管理到智能决策的技术体系，为海洋油气勘探行业提供参考。

本书分为6个章节，各章节之间既互相独立，又彼此联系。第1章阐述了物探、测井及勘探研究等油气勘探数智化应用现状，揭示了数智化技术在油气勘探中的具体应用和成效；第2章深入分析了海洋油气勘探研究流程和作业特点，探讨了海洋油气勘探所面临的挑战和数智化转型需求；第3章聚焦勘探数据管理，构建了勘探数据全生命周期管理、数据标准规范、数据质量体系等勘探数据管理体系框架，为海洋油气勘探数据的规范化、标准化和高效利用提供了有力支撑；第4章详细介绍了勘探数据库建设、智能分析平台构建以及大数据在勘探领域的数据智能搜索、智能统计分析、数据可视化分析等智能应用，展示了大数据技术在提升勘探效率、挖掘数据价值方面的巨大潜力；第5章深入探讨了油气勘探数理统计理论方法，构建了油气勘探目标智能优选与排队、勘探投资决策、勘探专家定量评价等智能决策体系，以及勘探智能决策平台的构建与应用，为海洋油气勘探的科学决策提供了智能化工具和方法；第 6 章全面剖析了当前数智化发展面临的挑战，包括数据治理与应用建设、数智化复合人才培养、数智理念与流程建设、数据与网络安全管理、数据资产化运营管理以及试点与示范工程建设等方面，并提出了相应的展望和建议，为油气行业数智化转型的持续深入提供了思路和借鉴。

本书既可为勘探人员面临的勘探复杂难题提供数智化技术解决方案，也可为数智化从业人员提供海洋油气勘探业务领域的技术参考，为海洋油气勘探数智化应用与探索提供借鉴。在项目研究和著作编撰过程中，中国海洋石油集团有限公司的相关领导和专家给予了大量指导，夏如君、姚哲、吴迅达等同志在研究和编写过程中付出了辛勤劳动，在此致以诚挚谢意。

该著作涉及横跨油气勘探与信息技术的交叉学科，书中恐存在探索性尝试与争议性观点，加之笔者水平有限，难免存在疏漏，恳请业界同仁不吝指正。

目　录

1 油气行业数智化应用现状

石油和天然气作为重要的工业原料与民用燃料，常被视作战略物资进行规划、管理与应用。世界各国均投入巨大的财力和物力勘探和开发油气资源。随着新一代信息技术的迅猛发展，各行各业都在积极探索数智化转型，从而推动了第四次工业革命的到来(图 1－1)。智能交通、无人驾驶汽车、智慧城市、生物科学、医疗保健、安防等通用行业数智化转型与发展的速度较快。传统油气行业的数智化转型起步较晚，正在积极利用云计算、大数据、物联网、移动互联网、人工智能等先进技术，大力推进数字化转型和智能化发展，旨在实现数据共享、自动化控制以及智能化决策，进而探索和构建智能化的油气工业新模式。

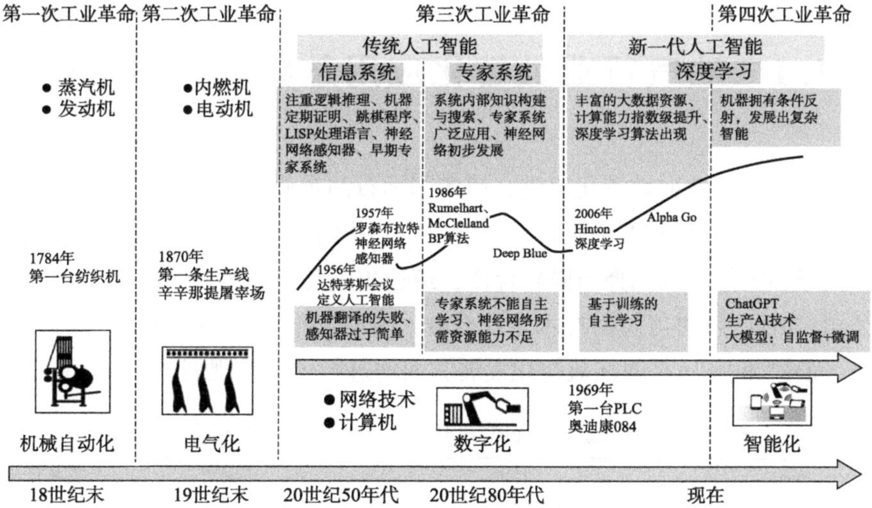

图 1－1　数智化技术发展历程

油气行业数智化探索和应用已深度融入了勘探、开发、生产、管道、储运及炼化等全产业链的各个环节，全面覆盖了从作业区域(海上平台)、采油气厂(作业公司)到油气田公司及集团公司的各个层级，对于提升公司的生产效率、实现资源配置的优化、提高安全环保标准以及推动行业的创新发展都具有深远的意义。

数十年来，油气行业始终是数字化技术应用的实践者和受益者；然而，在当前人工智能蓬勃发展的浪潮中，相较于通用行业，油气行业在数智化领域的进展稍显滞后。其滞后的原因包括以下几点：其一，通用行业的业务场景普遍具有一致性，使得数据标注工作无须依赖深厚的专业知识即可完成；同时，标注标准也相对统一，鲜有多重解释或主观判断的情况出现。因此确保了标注结果的准确性和可靠性，能够轻松地为机器学习模型提供精确的训练样本。其二，通用行业的数据质量普遍较高，几类常用的深度学习数据集即可涵盖整个通用行业所需的所有数据，短时间内就能够迅速获取大量合格数据。其三，通用行业拥有大量的开源代码，具有良好的研发生态环境，显著缩短了应用部署的周期。相比之下，油气行业在开源代码与研发生态上的积累相对薄弱，这无疑限制了其数智化转型的速度与深度。

综合以上因素，油气行业在数智化的发展道路上，相较于通用行业仍存在一定的差距。因此，油气行业应正视当前的挑战与不足，加大投入与研发力度，加快数智化转型步伐，以期在未来的竞争中占据有利地位。

1.1 油气行业数智化应用总体现状及趋势

为促进油气行业向数智化迈进，诸多国际石油企业采纳了深度整合产业、学术与研究的策略，通过与 IT 企业联手跨界合作，共同研究业务的数智化转型。壳牌、埃克森美孚和雪佛龙均选择与微软合作，道达尔则与谷歌建立了伙伴关系，而英国石油公司(BP)更倾向与初创技术企业合作。总体而言，全球领先的石油公司及油田服务(简称“油服”)企业在数智化发展方面均进行了战略规划(表 1－1)。

表 1－1　全球重点石油公司及油服企业数智化发展战略对比

序号	企业	定位	技术平台	合作平台
1	英国石油公司	上下游业务，实现决策自动化	Sandy	Beyond Limits、Belmont Technology
2	壳牌	水平井定向控制，井筒钻探数据处理算法	Geodesic	微软
3	埃克森美孚	收集数据，整合解决方案	XTO	微软

续表

序号	企业	定位	技术平台	合作平台
4	道达尔	勘探开发智能化解决方案，智能化地震成像处理	云平台	谷歌
5	雪佛龙	勘探、开发、储罐和管道项目	DELFI	微软、斯伦贝谢
6	斯伦贝谢	勘探、开发、储罐和管道项目	DELFI	微软、雪佛龙
7	贝克休斯	地震建模、预测机器故障、优化供应链	桌面平台、Azure	NVIDIA(英伟达)、微软
8	哈里伯顿	储集层表征、建模和模拟	Azure	微软
9	中国石油	智能盆地、智能测井、智能物探、智能钻完井、智能采油、智能压裂、智能装备	勘探开发梦想云平台、认知计算平台	华为
10	中国石化	智能工厂、智能油田、智能化研究院	石化智云工业互联网平台	华为
11	中国海油	智能油田建设、勘探开发数据治理	智能油田技术平台	华为

1.1.1 国际油气公司数智化应用建设现状

国际油气公司在智能油田建设的征途上起步较早，展现出前瞻性的布局。诸如壳牌、埃克森美孚、道达尔、BP、雪佛龙、挪威国家石油公司等巨头，均将数智化转型视为“双碳”目标下的核心发展战略。国际油气公司智能油田成功构建了从数据采集、实时监测、高效传输、精细处理、深度分析、精准模拟、科学研究到决策制定与执行的全链路闭环体系，这一系列的变革不仅重塑了管理模式，还优化了业务流程，显著提升了企业的竞争力。近年来，这些油气公司更是加大了与微软、谷歌等信息技术公司的合作力度，直接引进信息技术公司在大数据、人工智能方面的成熟技术，在勘探开发等核心业务智能化方面取得了一定的成效。

壳牌是智能油田领域的领先者。壳牌利用物联网和大数据技术，在全球已建立 59 个智能油气田(Smart Field)项目，聚焦协同工作环境、开发智能井技术、实施光纤监测、实现生产的实时优化、推进智能水驱以及闭环油藏管理，通过跨地区、跨学科的协作，优化了油田生产。例如，在马来西亚的 SF30 油田，壳牌利用大数据模型精准预测生产状况，实现了油井举升效率的显著提升。此外，壳牌与微软联手开发的 Geodesic 平台，显著提高了水平井定向钻探的精准度。

埃克森美孚携手微软共同研发的集成云平台，具备出色的安全性和可靠性，能够高效地从遍布各地的油田收集实时数据。这一平台在钻井优化和人力资源配置方面，为公司提供了强有力的技术支持与决策依据。此外，埃克森美孚通过应用数据湖、机器学习和云计算等技术，在二叠纪盆地油田实现了智能油气田的建设，预计将大幅提高产量和经济效益。

道达尔与谷歌合作，致力探索油气勘探与开发领域的智能化解决方案，其重点聚焦于地下成像测井的智能化处理与解释，旨在提高油气田的勘探效率与评价精确度。通过搭建油气生产一体化协同研究平台，实现了全系统的模拟与优化，为油气田开发的智能管理提供了有力支持。

BP 则更青睐与初创技术公司合作，投资 Beyond Limits 公司研发人工智能平台，旨在提高决策速度、管理运营风险，实现决策过程自动化。2019 年 1 月，BP 投资人工智能初创公司 Belmont Technology，开发了一个融物理、地质、历史和油藏信息为一体的地球科学云平台，为 BP 提供独特的“地下资产图谱”。同时，BP 公司建立的“未来油田”项目主要利用物联网与自动化技术，将现场与地下的实时数据传送到远端的数据中心进行分析和处理，并在全球建立了 35 个“先进协作中心”，通过统一的平台，可以实现跨专业领域、跨办公地点的远程协同。

雪佛龙建立的“信息油田”(i – Field)则着重于钻井和生产的优化以及油藏管理。利用数字孪生技术对油田和炼油厂进行预防性维护，开展设备传感器数据整合可以降低故障发生率，每年节省数百万美元的维护费用。该公司还研发了一套先进的数据管理系统，实现油气数据资产化管理，可更精确地评估储量、预测生产和销售情况，提前做好资源配置和市场调整，可更好地监测和管理油气设备的运行状态，提高生产效率和安全性；同时结合先进的数据分析技术，对数据进行发掘和分析，为公司战略决策提供支撑。

哈里伯顿于 2017 年宣布与微软达成战略协议，共同推进油气行业数智化转型。2019 年在微软 Azure 云平台上推出 DecisionSpace@ 365 云应用程序，通过大型算力和深度学习算法优化油气田资产，支持地球物理、油藏数值模拟、钻井与生产管理等工作，通过物联网采集油田现场实时数据流，结合深度学习模型，实现钻井和油气生产优化，降低作业成本。

贝克休斯与英伟达强强联合，利用人工智能技术和 GPU 加速计算能力，帮助油气田实时高效地提取行业数据。这一合作覆盖了从地震建模、预测机器故障，到优化供应链的全方位流程，深度发掘数据价值，旨在降低油气勘探开发、加工及运输的成本。2019 年 11 月，贝克休斯、C3. AI 和微软宣布合作，将微软云计算平台上的企业人工智能解决方案引入能源行业。

BP 所构想的“未来油田”(Field of the Future)主要利用实时信息系统来优化整体运营；俄罗斯天然气公司(GASPROM)在数智化转型过程中，优先推进了包括数智化地质勘探、数智化大型项目、数智化生产、中游业务的数智化、数智化 HSE(健康、安全、环保)管理以及数智化设施设备在内的 12 个关键项目。

1.1.2 国内油气公司数智化应用建设现状

国内油气公司在信息化与数字化建设的进程中，依次经历了单机应用、分散建设、集中建设和集成应用等阶段。“十二五”以来，国内油气公司将智能油田建设作为企业转型升级的发展战略，正在通过数据共享、业务协同和智能化应用建设，逐步迈向智能油气田阶段，先后启动了智能油田相关技术研究和试点应用。

中国石油天然气集团有限公司(以下简称“中国石油”)较早地启动了智能油田建设，由中国石油科技管理部牵头开展了数智化发展顶层设计，全面推动智能技术的探索性落地。按照“两统一、一通用”(统一数据湖、统一技术平台，通用业务应用)的原则建立，并于 2018 年 11 月发布了国内首个智能云平台——“勘探开发梦想云”平台。以此平台为基础，实现上游企业全业务链数据互联、技术互通、业务协同，构建共创、共建、共享、共赢的信息化建设与应用新生态，支撑业务数智化转型。2019 年 11 月，“勘探开发梦想云”2.0 投入运行，融合了人工智能、大数据、云计算、物联网、移动应用等新技术，通过数据湖及统一技术平台工作的推进，突破了以往存在的“数据难以共享、业务难以协同”的瓶颈，为油气勘探、开发生产、协同研究、生产运行、经营管理、安全环保等六大业务领域提供智能化应用支持，并在四川盆地风险勘探、塔里木油田圈闭审查、油气水井生产管理等应用场景中取得了较好成效。此外，中国石油所属上游公司也进行了数智化转型探索与实践，例如新疆油田于 2020 年通过了“智能油田建设与规模应用”的科技成果评价，形成了国内首个智能油田建设理论体系，并提出了完整的智能油田概念、建设规划、技术体系和评估指标。大庆油田提出了“数字油田—智能油田—智慧油田”三步走的发展战略，在大庆庆兴油田建成了国内第一个整装数字化油田，开启了智能化油田建设的探索。此外，推出了全球首款5G防爆AR智能头盔梦镜，搭载远程协作应用与AR智能作业解决方案，推动油气生产作业智能化发展。

中国石油化工集团有限公司（以下简称“中国石化”）于2013年启动了智能油田建设规划工作，面向石油石化行业数智化、网络化、智能化的发展目标同步开展了智能油田关键技术攻关研究。“十三五”以来，中国石化智能油气田建设重点围绕生产运行、集成协同、智能油田建设示范等目标稳步推进，研发并推广应用了生产指挥系统（PCS）、勘探开发业务系统平台（EPBP）及勘探开发云平台（EPCP）等协同平台，打造了全面感知、集成协同和全局优化三项基本能力，实现了数据和专业软硬件的统一管理，具有先导示范性作用，为油田数智化发展奠定了基础。2018年在中原普光、西北油田三厂进行智能油气田示范试点建设，随后在江汉涪陵、胜利海洋推广智能油气田的建设。其中，西北油田三厂建设成效显著，该油田基本实现了现场可视化、生产自动化、油藏数智化、管理信息化、决策智能化的智能油田建设目标，成为中国石化智能油田建设的标杆之一。中国石化还联合华为研发并推出了石化智云工业互联网平台，首先，该平台通过油田孪生建模技术，高保真地搭建油田的设备、管道、地质特征虚拟模型，辅助运营人员在孪生场景内模拟不同的生产场景，实现了操作过程优化、潜在风险预警及生产效率提高。其次，该平台通过物联网技术，在油田部署多种传感器和智能设备，实现对油田设备及设施数据的实时采集和监控，辅助运营人员随时了解油田的运行状况，快速发现问题并采取措施解决。再次，该平台运用人工智能技术和机器学习算法进行多维度数据分析，为运营人员提供智能决策支持。最后，该平台实现了远程操作与控制，即使在远离油田现场的情况下，运营人员也能通过平台进行远程监控和控制油田设备，提高安全性和节省时间成本。

中国海洋石油集团有限公司（以下简称“中国海油”）于2012年确立推动智能油田建设的目标，致力构建勘探开发协同工作环境和海陆协同工作体系。中国海油于2020年3月正式下发《集团公司数字转型顶层设计纲要》，按照“一个平台、两套体系、三朵云、四项能力、五大提升”的思路全面部署数字化转型、智能化发展工作，坚持战略引领，强化高位推动，绘制数字化转型、智能化发展整体蓝图。主要内容包括：①定战略，凝聚发展共识。将智能化管理作为落实集团公司总体发展思路的重要组成部分，提出变革发展模式，实现从传统管理模式向现代化、数字化、智能化跨越。②明路径，绘制整体蓝图。坚持“一张蓝图绘到底”，以核心业务为载体、以价值为导向，先后出台中国海油《数字化转型顶层设计纲要》和《智能油田顶层设计纲要》等指导性文件，制定数字化转型、智能化发展的路线图和时间表。③强管理，推动落实落地。成立由集团主要领导任领导小组组长，各部门、各单位一把手任领导小组成员的数字化转型工作组织，定期组织召开集团公司数字化转型专项工作会议，做到高位谋划、高标部署、高效推进。持续在资金、网络、人力资源等方面加大投入力度，将数字化转型、智能化发展列入所属单位年度绩效考核范围，确保工作落实落地。成立集团公司数据治理委员会，重点推进经营领域和生产领域的数据治理工作，促进数据集成共享和应用价值发挥，全面支撑数字化转型。

截至2023年，中国海油在数智化发展方面取得了显著成果：①通过建设智能油田塑造了提质增效的新优势。秦皇岛32－6油田成为国内首个投产的海上智能油田，实现了光纤全联通和无线信号的全覆盖，核心业务数智化覆盖率显著提升，操作人员有效精减，其“秦皇岛32－6智能油田建设实践”入选2021年企业数字化转型十大成果。恩平油田建成了国内首个海陆一体化协同运营平台，实现了台风模式生产；中国海油正在积极推进南海“深海一号”智能气田的建设。②通过升级智能工程培育了转型升级的新能力。以生产设备自动化、运营管理数字化为手段，建成了国内首个海洋工程装备数字化智能制造基地，创新应用了海洋油气装备大规模机器人焊接等10项国内“行业首次”技术，填补了我国海洋油气装备多项技术空白，推动了传统装备制造产业的转型升级。③通过建成智能工厂开创了精益管理的新局面。将工业技术、工厂生产经营管理与数字技术深度融合，在惠州石化建成了国内首个“双频5G＋工业互联网”智能炼厂，自动采集率、仪表自控率均显著提升；建成了国内首个涂料生产智能工厂，年产量成倍增加、用工成本显著降低。④通过构建智能销贸探索了能源供需的新模式。搭建了“全球一体化”的销售贸易信息平台，实现了全面自动化、智能化的业务管理，强化了业务前、中、后台全流程风险管控，平台每年贸易量超1亿吨，结算资金超万亿元；自建电商平台“海油商城”，上线3年来累计交易金额破万亿元，形成了具有海油特色的“统一、集成、共享”的销售贸易数字化解决方案，“海油商城”入选国务院国资委国有重点企业管理标杆项目和中央企业品牌建设典型案例；⑤通过打造智能产品实现了核心技术的新跨越。自主研发的“璇玑”系统打破了国外技术垄断，成功实现了千余口井作业，关键作业指标达到世界一流水平，标志着我国高端智能化油气钻井技术实现了新跨越，使我国成为世界第二个拥有该项技术的国家。

在应对数智化转型过程中的诸多挑战时，中国海油将数智化转型视为一项长期的战略任务，在推进组织结构的优化、企业文化的革新、管理制度的升级和人才结构的调整与变革时，所采取的具体举措如下：①推动实施由局部转型到整体转型。深刻认识数字化转型、智能化管理提升是一项复杂的系统工程，努力将智能化管理创新应用场景建设从生产领域拓展到科研、生产、经营、管理和决策支持等领域，以示范引领和带动逐步实现由少场景向多场景、由简单场景向复杂场景、由示范项目和示范企业向整个集团推广。②推动实施面向智能管理的系列变革。根据数字化转型的需要，优化和调整组织架构，打破传统的组织壁垒，促进部门间的协作和信息流通。重新设计业务流程和管理模式，推进管理流程化、标准化、在线化、平台化，建立快速适应数智化时代的敏捷化柔性组织。③推动实施数字人才建设。通过加强校企联合培养、畅通职业发展通道、创新引进机制等，加快培养数字技术与专业技能兼备的复合型人才，打造数字化、智能化背景下的产业工人队伍，构建深刻了解数智化转型规律的管理团队，不断增强数智化人力资源保障能力。

与国际石油公司相比，我国石油公司在数智化转型方面虽已取得了较大进展，但仍存在一定的差距，并面临多项技术挑战。这些挑战主要体现在以下 4 个方面：一是油田生产现场动态自动监测与智能控制技术方面，生产前端物联网标识标准及解析体系尚未建立，油水井井筒高可靠、物联化关键技术尚未突破，边缘智能及云边协同技术能力不足；二是新一代油田工业大数据智能化技术方面，我国统一的数据及成果共享应用标准尚未形成，海量勘探开发数据高效管理和智能化服务技术能力不足，适用于油田开发生产各业务环节诊断分析、预测预警、优化决策的大数据系列模型尚未完整建立；三是油藏开发智能优化技术方面，高水平油藏数模软件对外依存度高，基于大数据、人工智能的模型自动更新方法油藏适用性不足，开发方案缺乏自动优化、自动推送的技术手段；四是油田数字孪生与智能运营指挥技术方面，缺乏油田数字孪生模型自动构建和油藏、井筒、地面一体化协同智能诊断技术，生产经营融合技术薄弱、生产过程风险智能识别技术单一，尚未建立以生产经营异常管理为基础的生产运营指挥技术支撑体系。

1.2　油气勘探数智化应用现状

承担油气勘探任务的企业被归类为“研究型生产企业”。该类企业的油气勘探业务流程涵盖了资源勘查、资源评价、油气发现、油气藏评价等阶段。油气勘探所需数据包括矿权资料、露头资料、地震资料、测井、录井、测试、钻完井、分析化验、储量、综合研究、费用等研究、生产与管理数据(图 1－2)。企业内部的研究、生产与管理部门之间存在交错迭代的关系，各部门职责明确，形成了既定的运作模式。然而，这种模式导致了大量信息孤岛和数据壁垒的产生，加之不同层级个体认知的局限性，油气勘探的数字化与智能化转型显然是一项复杂的系统工程。

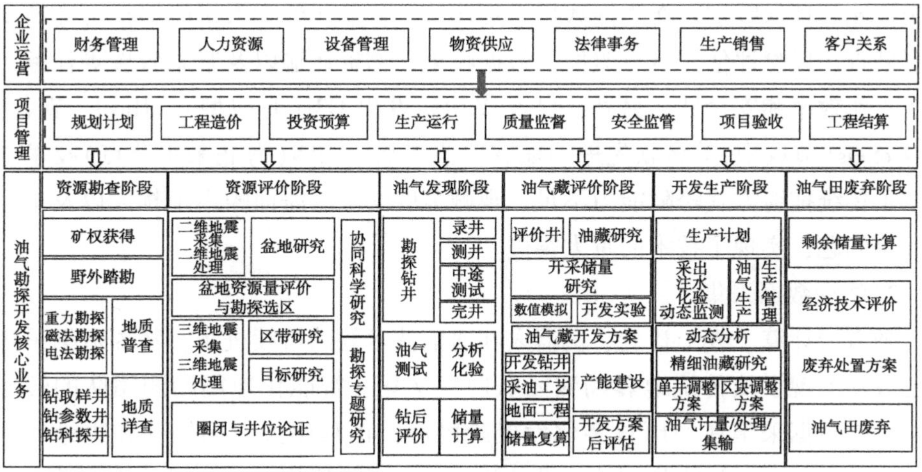

图 1－2　油气上游领域企业运营、项目管理及勘探开发核心业务示意图

经过一系列攻坚克难的实践，在油气勘探领域的数智化进程中，大数据、物联网、人工智能等先进技术已被逐步融入物探处理、测井解释、勘探综合研究等油气勘探开发过程中的关键环节，并取得了令人瞩目的阶段性成果。物探方面，利用目标检测、图像分割、图像分类等计算机视觉技术，实现了物探设备、物探数据采集、地震相识别、地震波场正演、构造层位解释等数智化应用。测井方面，部分石油企业和科研机构利用机器学习、深度学习等人工智能技术在曲线重构、岩性识别、储层参数预测、油气水层识别、智能分层、成像测井等方面开展

了探索研究和初步应用。勘探综合研究方面，在岩石微观鉴定、地质工程远程决策、成藏数字模拟、数字油藏等方面都取得了较为明显的成效。

1.2.1 物探数智化发展现状

地球物理勘探长期以来一直是高性能计算、三维可视化等信息技术的重要应用领域，是较早实现物探设备、物探数据采集、地震数据处理与解释数智化的一个领域。

1)物探设备

物探设备数智化技术主要体现在对可控震源、无人机以及地震仪器的智能化改造上。具体来说，经过智能化改造的可控震源能够依据作业区域的地表特征及深层地震地质状况，精准而灵活地调整其出力大小、工作频率、扫描时长以及相位控制等关键参数，从而在显著提升作业效率的同时，进一步提高了作业过程的安全性能和环保级别。在物探数据采集环节，智能化的无人机能够执行高精度的地形勘查、风险评估、节点监控、数据收集、物资运输以及紧急救援等任务，提升了工作效率和安全性。另外，已经成功研发出 G3i(有线型)、Hawk(节点型)以及 eSeis(节点型)等多款先进的地震仪器产品。OBN(海底采集节点)技术成功破解了传统拖缆方式跨障能力不足、观测角度受限、海面噪声干扰大以及单分量接收等问题，实现了技术的重大突破。

2)物探数据采集

随着云计算、人工智能、机器人和通信技术等的持续进步，物探数据采集技术已成功实现了从传统地震勘测团队向数字化、智能化地震勘测团队的转型升级。物探数据采集在经历数字化发展阶段后，正利用大数据处理和边缘计算能力，迈向闭环控制智能化、核心设备智能化、工作流程一体化以及生产动态预测智能化等更高级别的智能化发展阶段。

数智地震团队成功地将物联网、云计算等信息技术与物探数据采集方法相结合，实现了对施工任务、现场工作人员、设备以及 HSE 管理的无线化和可视化智能管理，优化了施工流程，简化了作业步骤，实现了智能激发、实时质量控制以及远程技术支持与指挥调度。

3)地震数据处理与解释

在地震数据处理与解释领域，研究者们主要专注于断层识别、层位解释、特殊地貌解释等核心任务。通过借鉴计算机视觉领域的目标检测、图像分割、分类与预测等技术，致力于噪声压制、信号增强、地震相识别、储集层参数预测、地震波场模拟、地震数据反演与建模、初至波拾取、地震数据重建与插值等难题的解决，显著提高了地震数据处理与解释的效率和准确性。例如，众多学者已通过卷积神经网络在合成或实际地震数据上进行训练，成功构建了能够自动识别断层及其参数的智能模型。例如，Wu 等创新开发了一种基于编解码的卷积神经网络模型，自动生成数千幅三维合成噪声地震图像和相应的断层图像、干净的地震图像和地震法向量，该模型能够精准地同时实现断层检测和斜率估算，在断层探测及反射斜率计算中都明显优于传统方法。

此外，在地震相识别方面也取得了较大进展。传统方法通常依赖地震属性的聚类和波形分类，近年来，通过神经网络架构，如生成对抗网络(GAN)、循环神经网络(RNN)、卷积神经网络(CNN)、概率神经网络(PNN)、深度神经网络(DNN)等人工智能技术，开展地震波形的直接分类与识别攻关研究，提高了地震相识别的精度和效率。例如在地震反演方面，Zhang 等提出了一种基于谷歌的 DeepLabv3 + 增强型编解码结构，相比 CNN 模型和简单的语义分割模型(如反褶积神经网络)，在提取多尺度语义信息和恢复预测结果中更多像素级细节方面具有更高的精度和效率。

初至波拾取是地震处理和成像的基础。随着地震数据量的急剧增长，人工采集是最耗时的方法。提高效率，需要开发稳定的自动拣选方法。Ma 等提出了一种利用改进的二维像素卷积网络自动拾取初至波的方法。将事件拾取问题转化为二值化图像分割问题，将地震波第 1 次到达前后的信号分别标记为 1 和 0。利用地震资料进行了现场实例分析，证明了该方法的有效性。

地震层位解释是油气勘探开发中的一项关键基础工作。应用数智化方法对层位进行解释的思路主要有两种：一种是将测井解释结果与地震数据相结合的样本构建方法，另一种是单独基于地震数据或测井数据本身的样本构建方法。算法以自监督学习为主、以无监督学习为辅。例如，胜利油田提出了基于反射结构约束的层位自动解释新方法，其本质是一种基于地震数据的监督学习方法。主要思路是根据目标层位的地震数据进行波形单元划分，采用人工解释的方式获取部分层位解释成果，并将其作为样本标签标记至每个波形单元中。同时，对各个波形单元进行时频分析，将单个波形单元的一维时间序列信号提升至二维空间，以此为基础构建层位识别样本库，并利用 DFCNN 深度学习算法开展全区层位的自动识别，引入基于地层倾角的层位优化和基于地层趋势拟合函数的层位识别异常点判别等定量化的反射结构约束信息，优化 DFCNN 自动识别结果。应用结果表明，基于反射结构约束的层位自动解释技术识别保证了地层倾角趋势的连续性及地层空间分布的趋势规律，对比人工解释结果，自动解释结果的整体吻合率在 86% 以上，相比常规层位自动解释方法，精度和可靠性都有提升。

1.2.2 测井数智化发展现状

自 1927 年诞生以来，测井技术历经近 100 年的发展，已经从模拟测井、数字测井、数控测井，发展到成像测井，正在跨入智能测井时代。

1)测井数据采集

由于储集层的非均质性以及测井作业环境的多样化、复杂化，迫切需要在井下地层参数采集、测井数据传输等方面研究新的测量方式、工作模式，引入数智化技术以实现更准确、更高效、更安全的作业和地质信息探测。

国外石油企业在数据采集、远程测井等方面已逐步发展出比较系统的成套的商用产品。以油田技术服务公司斯伦贝谢为例，其远程测井中心、智能地层测试、具备智能处理解释能力的井筒软件 Techlog 等均已获得比较大范围的商用。其中，远程测井在全球部署 11 个数据服务器中心、14 个远程测井中心，拥有 108 名操作工程师，实现专家远程协同工作和决策，20% 的测井作业由远程测井中心完成，已完成上万井次作业。

国内石油企业和科研机构也取得了比较大的科技成果，针对网络化地面、智能绞车、智能化井下机器人、远程测井等相关核心技术进行攻关，并已开始批量应用。

2)测井处理解释

测井数据具有数据体量大和多源异构等特点，测井处理解释过程中面临多解性、不确定性等难点，油气判识难度越来越大，亟须利用数智化技术来提高工作效率与解释符合率。最近几年，数智化测井处理解释应用主要集中在自动深度校正、自动报告生成、智能分层、曲线重构、岩性识别、成像测井解释、储集层参数预测、含油气性评价、横波速度预测、裂缝及缝洞充填物识别等方面。

在测井曲线的智能重构方面，智能曲线重构技术借助深度学习算法和关联分析等先进手段，深入探索测井曲线之间的内在联系，针对那些错误的、不恰当的、不准确的或缺失的测井曲线数据，进行精确的数据重建与修复。所用到的数智化算法包括神经网络、组合学习算法、聚类算法等。张东晓等提出了一种基于循环神经网络(RNN)即长短期记忆神经网络(LSTM)来重构测井曲线的方法，采用真实测井曲线进行验证后发现与传统方法相比精度更高。

在测井资料识别岩性方面，将专家解释处理完的数据作为训练样本，利用数智化算法构建基于测井曲线的智能化岩性识别模型，实现岩性的智能化识别。江凯等利用提升树、决策树、支持向量机等算法，将专家解释后的测井数据作为训练样本，构建岩性预测模型，与录井岩性相比，其预测准确率在80%以上。

在成像测井自动化解释方面，成像测井主要是通过色度标定原理将原始测井曲线转换为反映地质特征的可视化图像。随着深度学习技术在图像分析领域的不断深入应用，研究人员将深度学习、图像处理等技术结合使用，实现了成像测井的自动化解释。Ren 等利用 U－Net 等图像分割算法实现电成像测井图像地质特征边缘的自动识别，然后利用特征工程提取相关特征，最后基于机器学习算法实现地质特征的自动化分类。数智化技术在成像测井图像处理解释方面的研究刚刚起步，制约其进一步发展的关键是缺少可供机器学习的标签数据。

数智化技术算法在储集层参数预测方面的应用较早，早期学者主要是利用传统机器学习算法(如支持向量机、线性回归等)来预测孔隙度、渗透率、饱和度等参数。近年来，随着神经网络的不断发展，越来越多的学者开始利用 BP(前馈神经网络)、LSTM，以及 RandomForest(随机森林)、GBDT(梯度提升决策树)等组合学习算法预测储集层参数。

3)工业软件开发

在国际领域，以斯伦贝谢公司为代表，通过构建以 Petrel、Techlog、Eclipse 等 10 多种软件为核心的数智化协同智能工作流程，有效降低了勘探与开发过程中的不确定性和风险。勘探开发认知一体化平台(DELFI)构建了智能处理与解释的工作流程，涵盖了数据标准化、数据清洗、智能解释、成果提交等功能。井筒软件 Techlog 集成了曲线敏感因素分析、预测与分类、曲线重建等系列智能化功能模块，为智能解释提供了支持。

在国内，中国石油已成功构建了梦想云协同平台、测井处理解释一体化软件 LEAD 以及全新一代多井评价软件 CIFlog 等应用平台，在油藏描述与模拟、测井多井解释等领域的智能化应用已初显成效，同时，水平井地质导向系统也已初步形成。

1.2.3 勘探研究数智化发展现状

勘探综合研究数智化转型工作在岩心图像智能分析、岩石微观智能鉴定、地质工程远程决策、成藏数字模拟等方面都取得了较为明显的成效。

1)岩心图像智能分析

由中国石油勘探开发研究院自主研发的 Falcon Core 岩心图像智能分析系统，主要解决了传统岩矿鉴定方法效率低、专家经验依赖度高、鉴定结果不够精准量化等问题。该系统攻克了多通道图像、复杂样本检测与分割、小目标识别等难题，构建了岩石颗粒分割、矿物成分识别、孔隙结构识别、岩石结构评价等模型，在 CT 三维重构、扫描电镜图像的孔隙提取等方面形成了核心优势技术，在实现“一键式”智能鉴定的同时，支持可交互式审核校正，助力系统终身学习。

2)岩石微观智能鉴定

扫描电镜技术在泥页岩矿物成分的智能分析和孔缝分析方面的应用，是非常规油气领域数智化转型的一个典型案例。利用扫描电镜分析泥页岩矿物成分(如草莓状黄铁矿、白云石等)时，依赖肉眼观察+图像处理软件进行手动统计，分析效率低，结果不够精准。构建扫描电镜矿物成分实例分割模型，可实现主要矿物的自动识别和结构参数的定量计算。基于高像素、全拼接扫描电镜图像的古龙页岩油孔缝智能分析，可提取古龙页岩油中的孔缝，计算长宽比、面孔率、孔径分布等参数，实现了从“手动统计”到“自动分析”、从“局部估算”到“全面分析”的转变。

3)地质工程远程决策

通过对“研究+分析+决策”完整链条的跟踪监测，聚焦产能建设工程远程决策、老油田稳产协同研究、油气水井智能生产三大业务领域，开发培育钻完井工程与压裂工程远程决策、智能措施选井、智能油气水井等应用场景，建立地质、钻完井、压裂、油藏工程全流程数智化研究环境，支持同步展示、实时决策、智能化分析，支撑页岩油和致密气大平台高效、高质量一体化智能决策平台建设。例如，聚焦钻完井工程远程决策场景，应用大数据分析和图像识别技术，开发水平井轨迹导向、区域钻井提速、钻井参数推荐等模块，优化水平井钻完井远程决策流程，在各类油藏钻完井工程中发挥了极大作用，钻井周期由 26d 降至 17.6d。

4)成藏数字模拟

成藏数字模拟是油气成藏研究的关键。学者们创新性地将经典动力学模拟方法与前沿的神经网络模拟技术相融合，致力于探索油气运移的定量表征以及成藏数字模拟。首先，通过构建一个三维的构造－地层体动态模型，并利用单元体模型将原本复杂且非均质的通道系统简化为有限数量的均匀体。其次，运用动力学模拟来确定相态和驱动力，同时借助神经网络等技术来精确计算各单元体间的油气运移方向、速率及运移量，从而为三维油气运移的定量模拟提供了一种全新的解决方案。输导体系是连接烃源岩与圈闭之间的关键“桥梁”。胜利油田的科研人员深入研究了流体压力、泥岩涂抹及断面正应力等多重因素对断层启闭性的影响，提出了一种利用断层连通概率来定量评估断层在三维空间内不同位置启闭状态的方法。此外，还详细分析了骨架砂体的输导要素与油气显示之间的关系，确定了影响砂体输导性能的主要因素(如倾角、物性等)，并给出了相应的量化参数，进而构建了一套运移要素的定量评价模型和计算公式。基于上述研究，科研人员进一步考虑了骨架砂体、断层的输导能力，以及输导层的非均质性、流体势、砂岩百分比等多重因素，利用流线法成功获取了油气在输导层中的运移强度、模拟聚集量以及油气运移的轨迹等关键信息。这一方法在胜利油田的实际勘探中得到了应用，特别是在三合村－垦西斜坡带－渤南洼陷区域的优势运移路径筛选中，明确了该区域存在两条主要的优势运移路径，这一发现与该区域宏观的油气运聚成藏规律相吻合。

综合分析当前油气勘探领域数智化转型的现状，主要表现为运用数智化技术对传统技术与方法进行改良，对整个勘探业务流程的智能化改造或针对勘探研究过程的智能功能模块开发则相对较少。鉴于海洋油气勘探目标日益复杂化的趋势，迫切需要构建一个勘探数据全生命周期的管理体系，并开发一个勘探大数据智能应用平台，以提供包括智能搜索、统计分析、可视化分析在内的智能化应用服务。同时，围绕海洋油气勘探的智能决策需求，有必要研发包括勘探目标智能优选、智能投资决策以及勘探专家定量后评估在内的智能化应用。

1.3 专业术语释义

石油：一种存在于地下岩石孔隙介质中的由各种碳氢化合物与杂质组成的，呈液态和稠态的油脂状天然可燃有机矿物。

油气聚集：油气在储层中由高势区向低势区运移的过程中遇到圈闭后无法继续运移而聚集起来形成油气藏的过程。

油气藏：单一圈闭中的油气聚集，具有统一的压力系统，统一的油气水界面。

油气田：受单一局部构造因素控制的在同一面积内的油藏、气藏、油气藏的总和。

油气勘探：为了识别勘探区域或探明油气储量而进行的地质调查、地球物理勘探、钻探以及其他相关活动。

油气勘探决策：在油气资源评价分析的基础上，将勘探对象、勘探方案和勘探结果三者紧密结合起来，进行风险分析和效益(经济效益、社会效益)分析，研究不同勘探可能产生的结果，从而遴选出最满意的勘探方案，为合理部署勘探工作提供依据。

勘探目标优选：从多个圈闭中优选出可供预探的有利圈闭。

预探目标钻前评价：对有经济性开发效益前景的预探目标及预探井位进行综合地质评价。

预探井随钻分析：在钻井过程中，利用测井、录井、钻井等资料对井下地层、岩性、物性、含油气性、温度、压力等进行综合分析，指导取心、电测、中途测试等取资料工作。

预探目标钻后评价：对预探目标的石油地质特征进行再认识，总结勘探经验教训，并提交油气流圈闭的初步储量计算结果及进一步评价的方案。

烃源岩：富含有机质，在地质历史过程中生成并排出了或者正在生成和排出石油和天然气的岩石。

储集层：能够储存和渗滤油气的岩层。

区域盖层：分布于含油气盆地大部分地区，厚度大，面积广，且分布稳定的盖层。

局部盖层：分布在某些局部构造或局部构造某些部位上的盖层。

直接盖层：紧邻储集层以上的盖层。

圈闭：地下适合油气聚集的场所，由储集层、盖层和阻止油气运移、造成油气聚集的遮挡物组成。

初次运移：油气从烃源岩向储集层的运移，也称排烃。

二次运移：油气进入储集层以后的一切运移。

输导体系：从烃源岩到圈闭的油气运移通道的空间组合。

异常高压：高于静水压力的地层压力。

2 海洋油气勘探特点与数智化转型挑战

海洋油气勘探在勘探研究与勘探作业方面，均展现出与陆上油气田截然不同的特性。随着海洋油气勘探活动逐步迈进深水、深层、高温、高压等复杂领域，其勘探工作所遭遇的技术难题与安全挑战愈加严峻。在此背景下，数智化技术的应用成为提升海洋油气勘探成功率和确保作业安全性的核心要素。

2.1 海洋油气勘探特点

从工作环境、勘探方法、设备设施、安全要求、投资风险与成本控制等方面对比来看，海洋油气勘探作业具有“高科技、高投入、高风险”的特点。

2.1.1 海洋油气勘探研究流程

海洋油气勘探地质评价是一项系统工作，指从某一特定区域的石油地质调查开始到提交石油或(和)天然气探明储量为止的勘探活动中的地质评价工作。这项系统工作是分阶段进行的，不同阶段的工作内容和目的存在差异。

根据海洋油气勘探活动的阶段性和地质评价的目的、任务，将海洋油气勘探地质评价全过程划分为区域评价、区带与目标评价和油气藏评价 3 个大的阶段(图 2－1)。盆地内不同地区的勘探阶段可以不同，同一地区不同勘探阶段的地质任务可以兼顾。各阶段划分依据界定如下：

(1)区域评价阶段。从盆地的油气地质调查到完成区带油气勘探潜力评价的勘探阶段，即从对某一特定的地理区域的勘探环境和石油地质调查开始到决定是否谋取区块油气探矿权为止的地质评价工作全过程。勘探对象是盆地或盆地内的一级构造单元、二级构造单元。该阶段的目的是谋取或放弃区块的石油天然气探矿权。

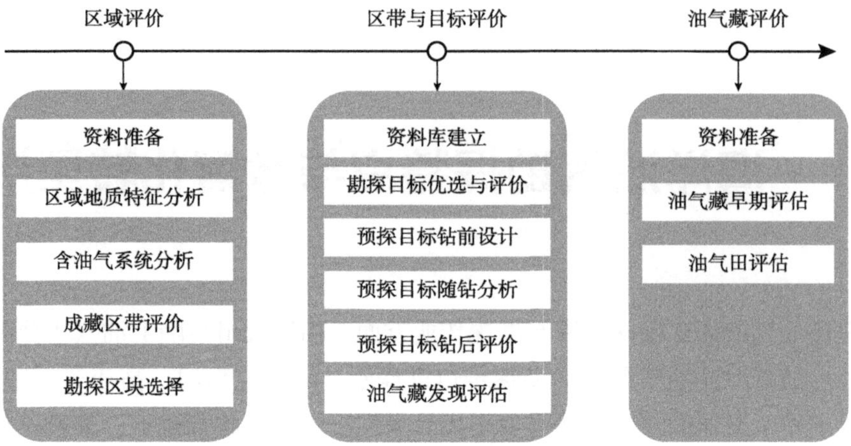

图 2－1　海洋油气勘探地质评价流程图

(2)区带与目标评价阶段。区带与目标评价阶段是从盆地区域勘探阶段谋取探矿权到有利含油气区带评价再到目标(圈闭)评价、钻探获得商业油气发现的勘探阶段，即从获得区块的油气探矿权后进行勘探目标优选开始到预探目标钻后地质评价完成为止的地质评价工作全过程。该阶段的目的是查明探区有利圈闭(非常规油气“甜点区”)含油气情况及经济性，发现商业性油气藏，并提交预测地质储量、控制地质储量、控制技术可采储量、控制经济可采储量。

(3)油气藏评价阶段。油气藏评价阶段是从圈闭预探阶段发现具有商业价值的油气后至投入正式开发前，开展油气藏(或非常规油气“甜点区”)评价的勘探阶段。即从预探目标的油气藏评价方案开始实施到提交探明储量为止的地质评价工作全过程。油气藏评价阶段的评价对象是已发现的含油气圈闭或油气藏(或非常规油气“甜点区”)，该阶段的目的是落实商业油气藏的石油和天然气探明储量。

在勘探研究成果的应用环节，每当一个勘探阶段圆满完成后，需立即开展科学严谨的技术评估和经济可行性分析，以便就是否推进至下一个阶段提出专业意见。此举旨在为决策者提供有力依据，以便其对油气勘探的持续推进、放弃或者调整勘探部署等关键事项做出最优选择。

1)区域评价

区域评价工作一般按资料准备、区域地质特征分析、含油气系统分析、成藏区带评价和勘探区块选择 5 个阶段循序进行(图 2－2)，区域评价阶段需要评价油气地质条件、勘探潜力和油气资源类型，估算油气资源量，优选有利区带，最终结果是确定有经济开发前景的油气聚集区块，谋求或放弃油气探矿权。

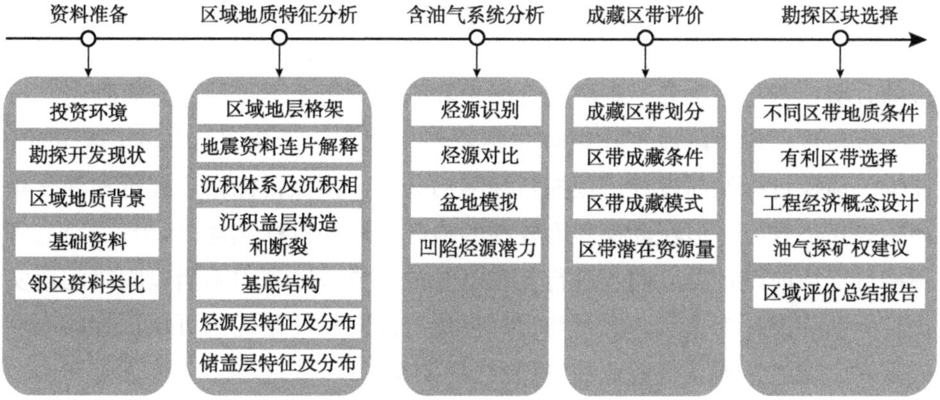

图 2－2　海洋油气勘探区域评价流程图

区域评价阶段的主要工作及目的描述如下：

(1)资料准备：主要工作是收集投资环境、区域地质背景、勘探开发相关信息及研究成果(地质、物探、化探、遥感、海洋、水文)、邻区资料类比。该工作的主要目的是为区域评价提供必要的地质背景资料和基础资料。

(2)区域地质特征分析：主要工作是区域地层格架、地震资料连片解释、沉积体系及沉积相、沉积盖层构造和断裂、基底结构、烃源层特征及分布、储盖层特征及分布。该工作的主要目的是阐明评价区域的构造、沉积特点及其发育演化史。

(3)含油气系统分析：主要工作是烃源识别、烃源对比、盆地模拟、凹陷烃源潜力，确定热演化史、生烃史、排烃史、运聚史，评价区域含油气系统及其油气资源潜力。

(4)成藏区带评价：主要工作是确定含油气系统边界，分析有效烃源岩、主要储盖组合及分布、油气运移通道体系、主要圈闭形成及分布。该工作的主要目的是评价区带成藏条件、区带成藏模式、油气资源量等。

(5)勘探区块选择：主要工作是不同区带地质条件比较、工程经济概念设计和评价，该工作的主要目的是确定有经济开发前景的油气聚集区块，谋求或放弃油气探矿权。

2)区带与目标评价

区带与目标评价是油气勘探地质评价的3个主要阶段之一，主要任务是精心优选出具有预探潜力的优质含油气圈闭，并提交具备经济性开发效益前景的钻探目标及预探井位建议。这一过程的根本目的在于发现油气藏，并获取对后续勘探至关重要的地质资料。通过钻探，对预探目标的石油地质特征进行再认识和总结勘探经验教训。若是成功井，则提交获油气流圈闭的初步储量计算结果及进一步评价的方案；若是失利井，则需要开展失利原因分析及下步勘探方向研究。

区带与目标评价阶段工作内容包括资料库建立、勘探目标优选(区带评价)与评价、预探目标钻前设计、预探目标随钻分析、预探目标钻后评价和油气藏发现评估等6个方面。但在勘探程度较高的地区，勘探目标优选(区带评价)与评价和预探目标钻前设计可以同步进行；在已知油气成藏区带内则当以圈闭的落实和预探目标钻前设计为重点。区带与目标评价阶段的目的是优选可供预探的有利含油气圈闭，通过钻探获得商业油气田发现(图2－3)。

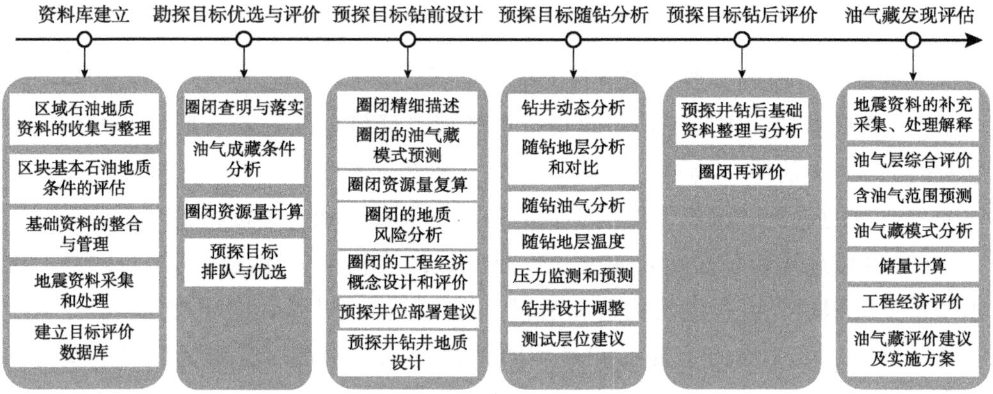

图2－3　海洋油气勘探区带与目标评价流程图

(1)资料库建立。

①区域石油地质资料的收集与整理：收集区域构造格局和断裂发育特征、盆地演化特征、地层沉积演化和层序地层格架特征、烃源层及其分布、生储盖组合及其分布特征、圈闭构造图等资料。

②区块基本石油地质条件的评估：基于圈闭、烃源层、油气运聚量、储层、含油气系统类型及成藏组合特征进行分析，研究区块内的勘探程度、成功率及油气田和含油气构造的成藏地质条件与成藏模式。

③基础资料的整合与管理：整合地震资料、钻井数据、化验分析资料、区域地层水资料、区域油气产层的物性下限资料与区域评价的成果资料。

④地震资料采集和处理：优化地震资料的采集和处理，提升数据质量，为油气藏识别提供精确信息。

⑤建立目标评价数据库：创建一个综合性的目标评价数据库，包含地质、地球物理和工程数据，通过多学科分析对潜在油气藏进行评估，为决策提供依据。

(2)勘探目标优选与评价。

①圈闭查明与落实。

a. 区块连片构造解释。在区块控制测网上进行连片地震构造解释，要求重点解释主要含油气系统中的层序界面或不整合面，查明构造和圈闭类型及其分布特征。

b. 构造圈闭落实。对区块内的有利构造圈闭，应依据构造圈闭面积所要求的地震测网密度加密解释，以落实构造圈闭的形态、类型和规模。

c. 地层岩性圈闭落实。对地层岩性圈闭应依据圈闭面积所要求的地震测网密度加密解释，进行地层岩性圈闭的识别和成图，总结地层岩性圈闭分布模式。

②油气成藏条件分析。

应用构造分析、层序地层学或沉积相解释成果、盆地模拟分析及其与邻区或邻井对比成果，分析区域石油地质特征和有利圈闭油气成藏地质条件，总结圈闭成藏模式。

a. 烃源条件。烃源条件研究内容包括：(a)向圈闭供烃的烃源的主、次层位及距离；(b)烃源岩的岩性、厚度、面积、有机质母质类型和丰度；(c)烃源岩的成熟度、生烃强度及预测的油气类型；(d)向目标圈闭供烃的范围及供烃量或圈闭所处区带的油气聚集量。

b. 储层条件。储层条件研究内容包括：(a)主要及次要储层的地质层位；(b)储层的沉积相及储集体类型(海相地层应采用层序地层学技术对目的层段进行三级层序和体系域的地震剖面解释)，对非沉积成因的储层应分析其发育条件；(c)储集层的岩性、厚度及横向连续性；(d)储集层的储集类型及物性条件。

c. 油气运移条件。油气运移条件研究内容包括：(a)油气运移的通道类型，如砂岩输导层、不整合面、断层面和泥底辟、高压释放带等；(b)与供烃范围内有效烃源层连通的路径及畅通程度。

d. 盖层条件。盖层条件研究内容包括：(a)直接盖层和区域盖层的地质层位；(b)盖层的沉积相、岩性、厚度和横向稳定性(海相地层应采用层序地层学技术对目的层段进行三级层序和体系域的地震剖面解释)；(c)盖层的封闭类型及垂向封堵能力；(d)穿透盖层的断层性质、数量、规模及活动时期。

e. 圈闭条件。圈闭条件研究内容包括：(a)圈闭的形态、类型；(b)圈闭面积和闭合幅度；(c)起侧向封闭作用断层的性质、分布及断层两侧地层配置关系；(d)圈闭的有效性，包括圈闭形成的时间、与油源的关系及圈闭的闭合和保存条件，即具有距油源较近、形成时间早、圈闭闭合容量大、保存条件好等条件时为有效性好。

f. 成藏匹配条件。成藏匹配条件研究内容包括：(a)圈闭位置、层位与所在含油气系统成藏地质要素(烃源层、储集层和盖层)组合、运移体系性质和供烃方向的匹配情况；(b)圈闭和运移体系的形成和发育与所在含油气系统发生大量烃类的生、排、运、聚作用时期的相对关系。

g. 保存条件。保存条件研究内容包括：(a)圈闭形成后构造或断裂活动对圈闭封闭性的影响；(b)区域的水动力条件对油气聚集的影响，可依据区域地层水矿化度和水型进行评价；(c)当目标圈闭埋深较浅或位于盆地边缘时，应探讨油气是否遭受水洗与生物降解等破坏作用；(d)当目标圈闭邻近有岩浆活动或底辟作用时，应探讨油气是否有过热或有 CO_2 等非烃气侵入等破坏作用。

③圈闭资源量计算。

采用体积法和蒙特卡洛法，逐个计算圈闭的潜在资源量。以一般气藏为例，其潜在资源量的计算公式为：

$$Q_g = A_g \cdot H \cdot SRF_g \tag{2-1}$$

式中，Q_g 为天然气潜在资源量，$10^8 m^3$；A_g 为含气面积，km^2；H 为平均有效厚度，m；SRF_g 为天然气单储系数，$10^8 m^3/(km^2 \cdot m)$。

④预探目标排队与优选。

a. 圈闭的综合分类排队。根据圈闭的类型、规模、可靠程度、成藏条件的评价结果，对圈闭按Ⅰ、Ⅱ、Ⅲ进行分类排队。

b. 预探目标的优选。根据圈闭资料的可靠程度、成藏条件的把握程度、资源量和经济评价的结果，并依据圈闭综合排队结果和风险预探目标组合，优选有利的圈闭。

优选的原则主要为：

(a)成藏条件好。

(b)圈闭类型好且规模相对较大，具有领域意义。

(c)各层圈闭叠置性较好或储量丰度相对较高。

(d)埋藏深度相对适中，可能获得的油气品质较好，现今的工程技术条件可投入开发。

(e)为现有生产设施周围的中小圈闭，便于滚动勘探开发。

(3)预探目标钻前、随钻与钻后研究。

预探目标钻前设计的主要目的是更好地满足勘探和开发的需求，确保钻井的准确性、高效性和安全性，取全、取准地质资料，同时降低钻井成本，提高整体的工作效率和经济效益。预探目标钻前设计的主要工作包括圈闭精细描述、圈闭的油气藏模式预测、圈闭资源量复算、圈闭的地质风险分析、圈闭的工程经济概念设计和评价、预探井位部署建议、预探井钻井地质设计等。

预探目标随钻分析的主要目的是实时了解钻井过程中的地层情况，包括岩性、含油性、电性等特征，以指导钻井作业，确保钻头沿着目的层方向前进，及时发现并评价油气层，为后续开发提供准确的地质数据和油气藏信息，从而提高钻井效率和成功率，降低勘探风险。勘探目标随钻分析主要工作包括钻井动态分析、随钻地层分析和对比、随钻油气分析、随钻地层温度、压力监测和预测、钻井设计调整和测试层位建议。

探井完钻后，应充分应用探井获取的各项资料进行钻探圈闭石油地质条件的再评价和探井成败因素分析的钻后总结。对探井获得商业性油气流的圈闭，还应同时开展油气藏发现评估工作。预探目标钻后评价主要工作包括基础资料整理与分析、圈闭再评价。其中，基础资料整理与分析是系统整理地质、钻井、测井、岩心等资料，深入分析以掌握区域地质特征及油气分布，准确评估探井成功率及资源潜力；圈闭再评价是重新评估圈闭的石油地质条件，深入研究构造、烃源层、储层、盖层及油气运移机制，评估油气资源分布及潜力，提供决策依据，并识别影响成败的关键因素，优化勘探策略。简言之，钻后基础资料整理、分析及再评价对提升勘探成功率和经济效益至关重要，有助于未来勘探的再开发。

(4)油气藏发现评估。

油气藏发现评估是指对探井获得油气流的圈闭及时进行油气藏发现评估，预测含油气范围、储量规模和可能获得的经济效益，以确定是否进行油气藏评价及实施方案。油气藏评价主要工作包括地震资料的补充采集与处理解释、油气层综合评价、含油气范围预测、油气藏模式分析、储量计算、工程经济评价与油气藏评价建议及实施方案。

3)油气藏评价

油气藏评价应是滚动进行的，随着勘探程度的提高和资料的积累，从宏观的油气层分布范围和规模等框架描述到微观的油气储集空间分布和体积等的精细描述，不断提高精度。油气藏评价阶段的主要目的是查明和评价油气藏特征、储量规模和经济价值，提交探明地质储量、探明技术可采储量和探明经济可采储量。油气藏评价工作内容可细分为资料准备、油气藏早期评估和油气田评估 3 个方面(图 2－4)。其中，油气藏早期评估的主要工作是编制评价井地质设计、跟踪评价井钻井动态、及时分析获取的各项完井资料(油气水、岩心、试井、测井)、调整钻井设计和测试层位建议、修正或完善油气藏模式，主要目的是探明获油气流圈闭的油气层分布范围、规模和产能。油气田评估的主要工作是提交可供商业开采的石油和天然气各级储量。

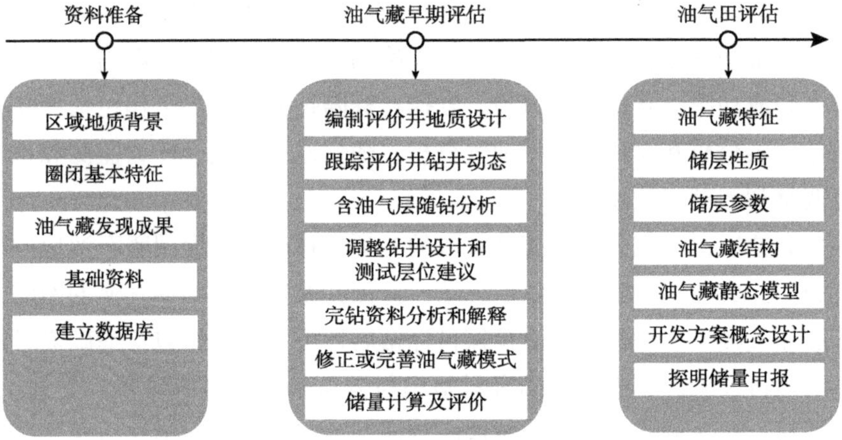

图 2－4　油气藏评价程序框图

2.1.2　海洋油气勘探作业特点

海洋油气勘探与陆上油气勘探在工作环境与挑战、勘探方法与技术、设备与设施、作业安全环保要求、投资成本与风险等方面存在不同点。

1)工作环境与挑战

相对陆上油气勘探工作环境而言，海洋油气勘探工作环境更为恶劣，海流、巨浪、台风等自然挑战不仅威胁勘探人员的安全，还可能严重影响勘探作业的进度和精度。

2)勘探方法与技术

陆上油气勘探可运用地震勘探、重力勘探、磁法勘探等多种勘探方法，技术相对成熟，且受环境限制较少。受海水的物理化学性质和恶劣的自然环境的限制，海洋油气勘探技术与方法需要做出适应性调整，在地震采集与处理方面，海洋油气勘探以海上拖缆地震勘探为主要手段，与陆上油气勘探相比，在勘测方式、激发与接收条件、波形勘探、定位精度与数据处理以及勘探效率与成本等方面存在显著差异。

3）设备与设施

陆上油气勘探通常使用陆地车辆或步行方式进入勘探区域，设备相对简单，易于运输和操作。海洋油气勘探必须使用专门的钻井平台或钻探船，这些设备的结构复杂且造价高昂。同时，为了适应不同海域、水深和作业的需求，钻探设备和方法也更为复杂。

4）作业安全环保要求

由于海洋环境的特殊性和潜在的海损事故风险，针对海上勘探设备制定了更为严格的消防安全、环保设计等标准，确保海洋油气勘探设备安全可靠。

5）投资成本与风险

陆上油气勘探投资风险相对较低，成本也相对可控。海洋作业环境复杂，高昂的设备成本以及严苛的安全标准导致海洋油气勘探投资成本巨大。

综上所述，陆地环境与海上环境的差异造就了海洋油气工业“三高”的特征，即高投入、高科技、高风险。

（1）高投入特征：海洋油气工业是一个资本密集型行业，其勘探、开发和生产过程中的设备购置、技术研发、安全保障等环节均需要大量的资金投入。例如，深海钻探设备的研发和制造费用高昂，而且需要不断更新以适应更加复杂多变的海洋环境。海洋油气开发还需要建设大规模的海上平台、管道和储存设施，这些都需要巨额的投资，据估计，开发一个深海油田的总成本可能高达数十亿美元。

（2）高科技特征：海洋油气工业是一个技术密集型的产业。由于海洋环境的复杂性和油气资源的隐蔽性，勘探开发过程中需要运用多种高新技术，如遥感技术、地震勘探技术、水平井钻井技术等。此外，随着数字化和智能化技术的发展，海洋油气工业正逐步实现数据驱动的决策优化，进一步提高了勘探开发的成功率、作业效率和安全性。

（3）高风险特征：海洋油气开发面临着多重风险。首先，海洋环境复杂多变，存在许多不可预测的因素，如风浪、海流、地震、火山等，增加了勘探作业的风险。其次，地层地质条件复杂，海上油气田在开发的过程中可能遇到各种难以预测的井下工程事故，所生产的石油和天然气具有高压、易燃、易爆等特点，极易发生火灾、爆炸等重大事故。由于海洋石油生产设施远离陆地，一旦发生事故，救援和逃生都极为困难。

综合来看，海洋油气工业高资本投入、高科技含量以及高风险性的特征相互交织、相互作用。资本的大量投入构成了行业发展的根基，高风险则是行业所面临的严峻挑战，而技术的先进性是推动行业前进的关键动力。随着技术的持续革新和市场需求的稳步上升，海洋油气工业预计将在全球范围内持续扮演重要角色。然而，如何确保在安全和环保的条件下实现高效开发，依然是该行业未来发展中需要关注和解决的核心议题。

2.2　海洋油气勘探数智化转型挑战

随着全球能源需求的持续增长，海洋油气勘探正逐渐成为能源开发的重要领域。全球海洋油气资源潜力巨大，据国际能源署（IEA）统计，全球海洋油气技术可采储量分别为 10970×10^8bbl（1bbl = 0.159m^3）和 $311 \times 10^{12} m^3$，分别占全球油气技术可采总量的 32.81% 和 57.06%。从探明程度上看，海洋石油和天然气的储量探明率分别仅为 23.70% 和 30.55%，尚处于勘探早期阶段。从水深分布来看，浅水（小于 400m）、深水（400 ~ 2000m）、超深水（大于 2000m）的石油储量探明率分别为 28.05%、13.84% 和 7.69%；天然气储量探明率分别为 38.55%、27.85% 和 7.55%（图 2 – 5）。从开发利用情况来看，当前，海洋油气的累计产量仅占技术可采储量的 29.8% 和 17.7%，低于陆上油气的 39.4% 和 36.8%。其中，深水和超深水的石油累计产量仅占其技术可采储量的 12% 和 2%；天然气累计产量仅占 5% 和 0.4%。总体上，海洋油气具有极大的资源潜力，是全球重要的油气接替区，尤其是深水、超深水领域。

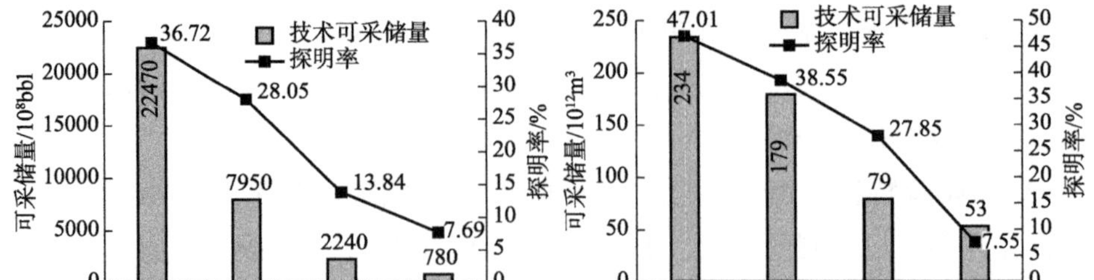

(a)全球原油技术可采储量及探明率　　(b)全球天然气技术可采储量及探明率

图 2 – 5　全球油气技术可采储量及探明率

然而，随着勘探向深水、深层、高温高压等极端环境的推进，勘探工作面临着前所未有的技术挑战和安全风险。

(1)深水挑战：随着水深的增加，勘探难度呈指数级增长。深水环境下，海底地形复杂，沉积物形成的水压差极大，深水区地层新、成岩性差，导致井壁易垮塌、钻井工程安全隐患巨大，要求钻井液的密度必须与周围环境达到精确平衡，以防止渗透和漏失。例如，在 3000m 以上的深水井中，钻井液密度需达到 $2800 \sim 3000kg/m^3$，以有效控制井筒压力。

(2)深层挑战：深层地震成像差、盆地生烃机理和优质储层分布模式认识不清，例如，在渤海深层潜山领域，深层变质岩潜山是否存在规模型优质储层、晚期构造活动区天然气能否规模化富集、如何实现高温储层保护和高效钻探等都是未解难题。

(3)高温高压挑战：在高温高压区域，油气藏的物理化学性质发生变化，对勘探设备的耐高压、耐高温性能提出了更高要求。同时，高温高压环境也增加了钻井过程中的风险，如井喷、泄漏等事故的可能性增大。在南海高温高压领域，由于地层压力超过 75MPa、温度超过 190℃，单井钻探成本高达 2 亿元。某国外石油公司在钻探过程中，发生钻井工程事故甚至井眼报废，钻探历时 20 余年、耗资 49 亿元，但铩羽而归。

综上所述，随着油气勘探开发的目标从浅层与浅水区域转向深层与深水区域，从常温常压条件转向高温高压环境，以及从传统常规资源转向非常规资源，勘探开发的技术难度显著增加，成本亦在攀升。油气行业的数字化与智能化转型不仅能够提升生产运营的效率，降低运营成本，而且对于确保生产安全、减少环境风险亦具有重要作用。

3 勘探数据管理体系

勘探目标研究与评价过程中产生的勘探数据蕴含着极为丰富的信息与潜在的价值。然而，传统的数据管理模式主要局限于对纸质或电子版勘探评价报告及专家打分表的单一管理，关键资料往往分散存储于不同项目、不同岗位职责的研究人员手中，呈现出高度离散的状态，资料之间缺乏必要的关联性与系统性整合，导致难以有效追溯目标研究、评价、审查、决策等一系列管理流程的完整链条。由于数据间的孤立状态，无法实施有效的关联分析，进一步限制了勘探数据深层价值的发掘与利用。引入勘探数据全生命周期闭环管理的理念，旨在通过构建一套完善的勘探数据标准体系与质量控制体系，形成系统化的勘探数据管理体系。该体系不仅实现了勘探数据从采集、存储、管理到应用的全生命周期治理，还显著提升了数据的关联性、一致性和可用性。通过这一管理体系的实施，勘探数据的价值得到了充分的释放与利用，为勘探目标的研究与管理提供了更为精准、高效的数据支撑，推动了勘探工作的科学化、精细化发展。

3.1 勘探数据全生命周期管理

通过对勘探目标管理各个流程和各个环节的详细梳理，提出勘探目标全生命周期数据闭环管理理念，勘探目标全生命周期数据涵盖了勘探目标研究、质控与审查、目标入库储备、钻探投资优化组合、钻后分析与核销、专家后评价等各环节的勘探数据(图 3－1)，具体描述如下：

(1)根据勘探程度差异，将勘探目标划分为预探、评价、(滚动)预探、(滚动)评价四类，实现多维度、多层次的目标审核类别。

(2)根据勘探目标研究决策流程，将勘探目标从研究到数据采集、专家质控、专家审查、决策管理层决策、技术委员会审查、入库储备、优选排队、投资优化组合、钻后评价、专家考核等众多岗位角色不同节点以闭环的数据链进行管理。

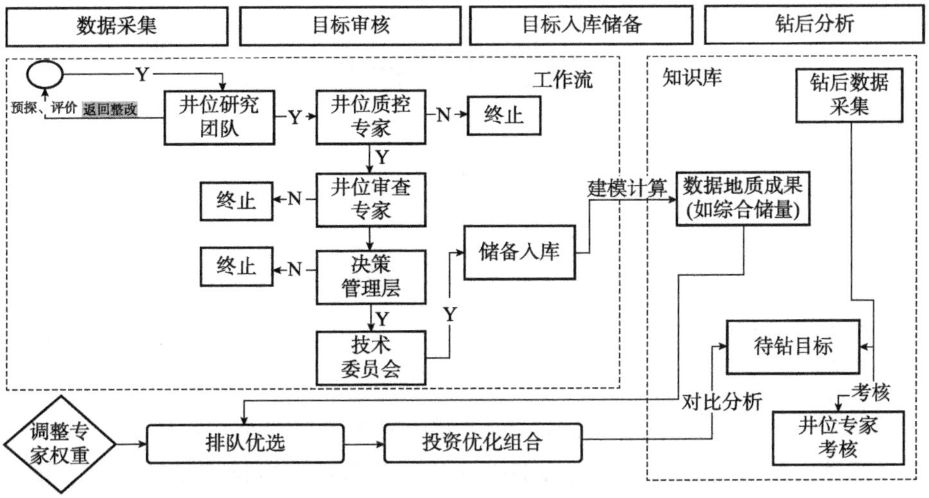

图 3－1 勘探目标全生命周期数据管理流程图

(3)以信息化手段建立了面向勘探全流程的勘探目标业务模型和数据模型，实现了勘探开发数据模型的一体化；建立了勘探目标“大数据”，通过勘探专家后评估形成勘探目标(专家)知识库。

(4)通过建立勘探目标基础数据库，管理勘探目标的基础信息、地理信息、勘探目标组织、勘探目标动态、评价数据、钻探数据、资料类型定义、资料信息查询、地理信息系统(GIS)查询、标准规范管理、成果提交规范、审核内容、统计分析、勘探目标历史查看、勘探成果管理、规范报表、图册制作等数据，实现了勘探目标基础数据和成果数据的电子化管理。

(5)根据设计的业务模型、数据模型和数据库，并依据管理流程和数据流程设计相应数智化应用系统，完成软件逻辑划分、数据接口建立 B/S 系统架构，并结合数据库调整的结果，对系统进行模块化、精细化划分，实现系统操作上的易用，实现勘探数据全生命周期信息化管理。

上述勘探数据全生命周期闭环信息化管理体系实现了勘探目标从识别、评价、投资优化组合到钻后分析、核销等全生命周期的研究成果数据以及目标评价过程数据、审核数据等全流程的动态管理数据全覆盖，使勘探目标数据可动态对比，决策流程可实时追溯，用信息化的手段提升了勘探目标管理与决策的时效性，促使勘探目标数据的“采、传、存、管、用”迈向规范化、科学化，基本建立了勘探目标“大数据”和目标审查专家知识库。

3.2 勘探数据标准规范

通过制定勘探数据标准体系，实现各个勘探环节的海量勘探数据标准统一，主要步骤如下：

（1）目标注册：根据目标研究需要，从总数据库中挑选出对应批次的目标，进入数据采集流程。勘探目标类型分为预探、评价、（滚动）预探、（滚动）评价四类。

（2）数据采集：主要是为勘探目标研究成果录入服务的（图3－2、图3－3），预探目标钻前评价与井位部署阶段数据采集清单包括构造精细描述成果、圈闭油气藏模式预测成果、圈闭资源量复算成果、圈闭地质风险分析成果、勘探目标评价及井位部署建议报告，数据采集功能的开发充分考虑勘探研究人员的使用习惯和勘探目标数据标准规范。数据采集功能提供单条录入和批量导入，批量导入功能提供采集模板下载（图3－4）。

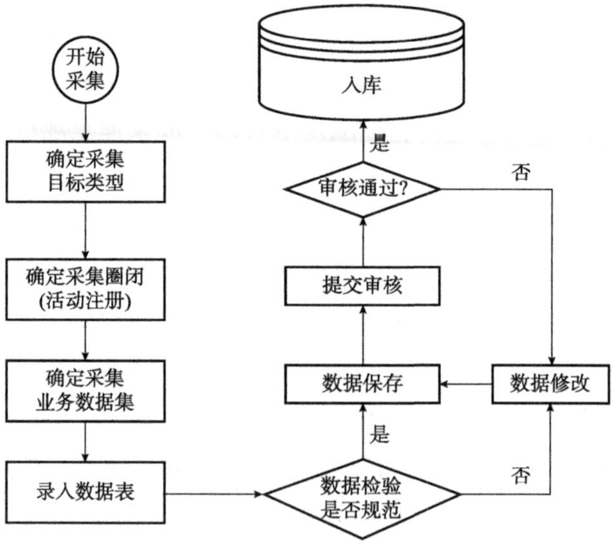

图3－2　勘探目标数据采集步骤图

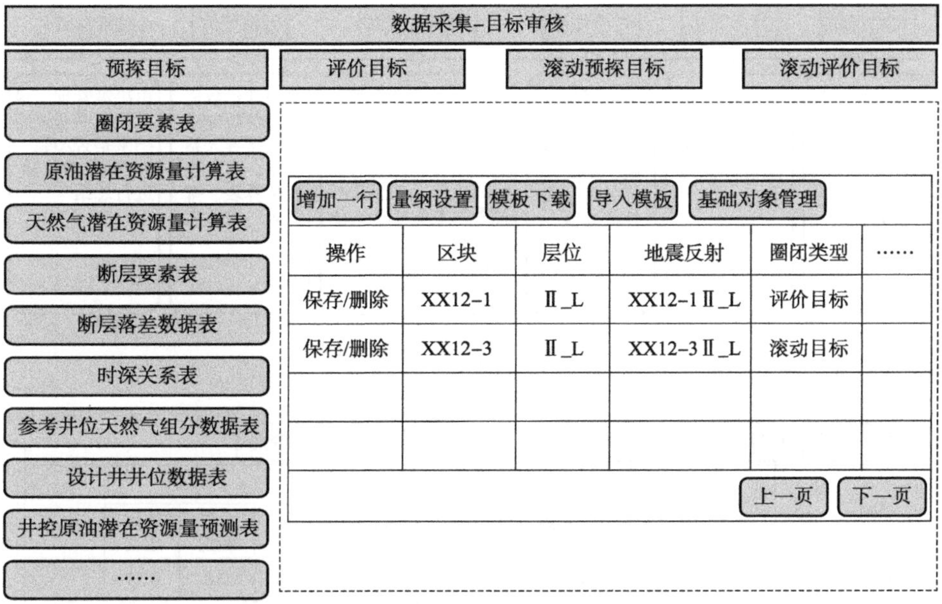

图3–3　勘探目标数据采集设计界面图

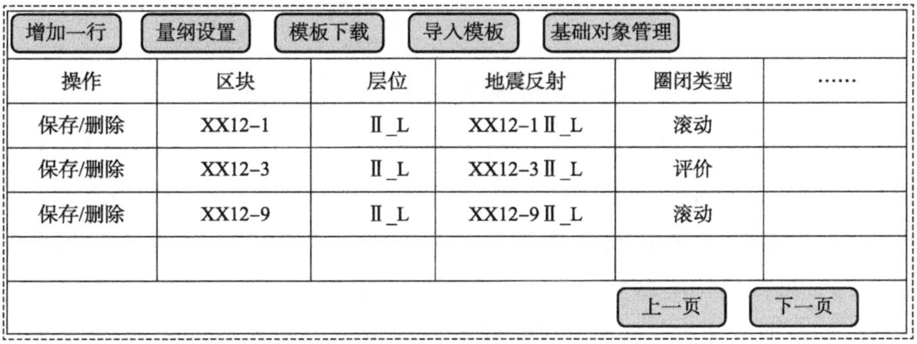

图3–4　勘探目标圈闭要素表界面图

(3)目标筛选：勘探人员需要筛选待评价目标，并对筛选后的勘探目标分别进行地质评价、资源量计算和经济评价(图3–5)。

(4)地质评价：勘探人员依照勘探规范进行区带与目标评价，且充分考虑区块或构造带的勘探现状和资料掌握程度，直接输入勘探目标的生烃条件、储集条件、盖层条件、圈闭条件和运聚匹配条件的存在概率，系统将计算出勘探目标的地质成功率(图3–6)。

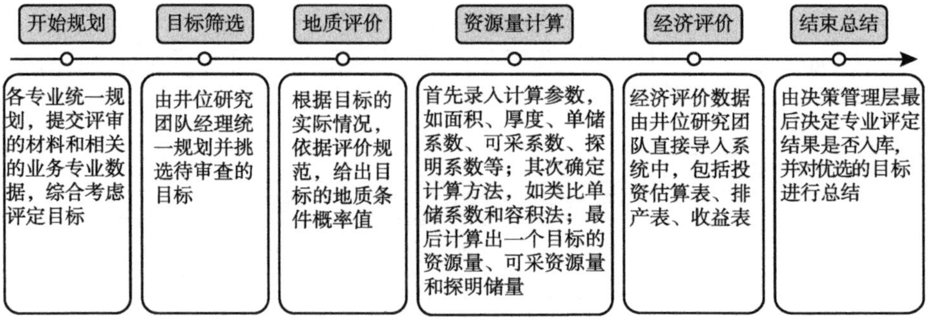

图 3－5　勘探目标评价整体框架图

增加一行　量纲设置　模板下载　导入模板　基础对象管理

操作	序号	评价目标名称	层位	存在概率						
				生烃条件	储集条件	盖层条件	圈闭条件	运聚匹配	地质成功	
保存/删除	1	XX12-1	Ⅱ_L	0.8	0.85	0.75	0.95	0.8	0.39	
保存/删除	2	XX12-3	Ⅱ_L	0.9	0.79	0.9	0.7	0.9	0.41	

上一页　下一页

图 3－6　勘探目标地质成功率计算界面图

(5)资源量计算：勘探研究人员根据勘探目标实际情况，选择合适的资源量计算方法并输入相应的计算参数，系统自动计算出勘探目标对应的资源量。资源量计算设计界面包含勘探目标类型、油气类型和资源量计算方法等基本信息(图 3－7)，勘探目标类型分为预探、评价、(滚动)预探、(滚动)评价四类，油气类型包括原油、天然气两类，资源量计算方法包括单储系数法、容积法两类。

(6)经济评价：经济评价过程采用线下方式计算，在系统中只需直接录入经济评价结果(图 3－8)，包括勘探投资、开发工程投资、前期工程费、油藏研究及管理费、钻井与完井费、海上工程设置费、陆上终端工程、生产准备费、涨价预备费、废弃费等。

(7)井位研究人员根据勘探目标钻探资料，填写目标钻后成果信息，并提交井位研究团队审核(图 3－9)。以预探目标为例，钻后评价数据包括预探目标钻后评价报告(含附图、附表、附件)，详细描述钻后地层、岩性、构造、圈闭、层序、沉积、储量等钻探成果。

资源量计算

增加一行　量纲设置　模板下载　导入模板　基础对象管理

操作	序号	圈闭名称	油气类型	层位	原油/天然气潜在资源量/(10^4t，10^8m^3)			……
					P90	P50	P10	
保存/删除	1	XX12-1	原油	Ⅱ_L	0.8	0.85	0.75	
保存/删除	2	XX12-3	天然气	Ⅱ_L	0.5	0.59	0.9	

上一页　下一页

单储系数法　容积法

增加一行　量纲设置　导入模板　基础对象管理

操作	序号	圈闭名称	层位	含油面积/km^2	平均厚度/m	原油可采系数	溶解气油比	……
保存/删除	1	XX12-1	Ⅱ_L	10	0.8	0.85	0.75	
保存/删除	2	XX12-3	Ⅱ_L	20	0.5	0.59	0.9	

上一页　下一页

图 3－7　资源量计算设计界面图

XX12-3构造开发方案投资估算汇总

序号	项目名称	投资/万元	备注
1	勘探投资	5000	
2	开发工程投资	160743	
3	前期工程费	2000	
4	海上工程设置费	121336	
5	油藏研究及管理费	1500	特殊处理，材料分析费用增加0.05
6	总计	181579	

保存　取消

图 3－8　经济评价结果录入设计界面图

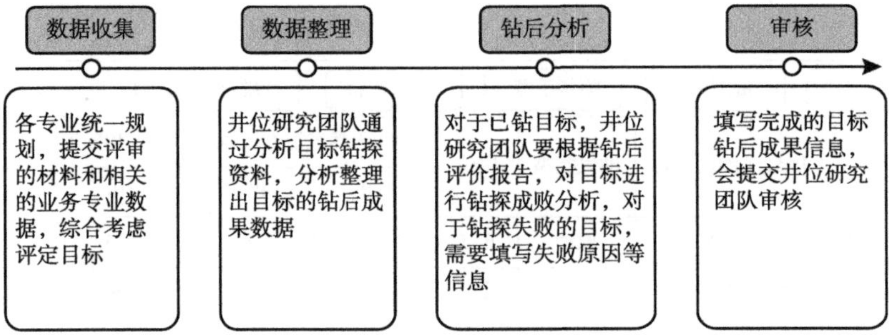

图 3－9　钻后成果分析流程图

3.3　勘探数据质量体系

勘探目标研究质量直接影响油气勘探的成功率。构建勘探数据“多维度”质量控制管理体系旨在提高研究水平、保障研究成果质量。勘探数据质量体系是将质量管理的通用原则和要求，与勘探各专业领域的技术工作流程和关键控制节点进行充分融合，并在系统分析和整体思考的基础上建立起来的，以“精、细、深、实”为标准，以“预防为主，过程控制，持续改进”为核心理念，实现组织系统化、行为标准化、决策程序化以及权责明确和过程质控的管理目标。

3.3.1　勘探数据质量控制

随着矿区勘探程度的提高，勘探难度也越来越大，面对高温超高压、深水－超深水、深水＋高压、复杂岩性地层圈闭和深层低孔、低渗等复杂地质条件，确保井位研究质量是复杂探区提高勘探成功率的关键。经过梳理、优化，明确提出通过“以勘探项目研究为主体、专业项目为技术支持，专家组质控把关”的综合研究过程，确保井位研究质量。

统筹考虑目标的地质条件和经济性，将质控专家组划分为沉积与储层组、地化与成藏组、构造与圈闭组、储层预测与烃检组和经济评价组 5 组，同时结合勘探目标的属性（高温高压、深水等），将过程质控内容进一步细分为 28 小项（图 3－10）。这 5 组 28 项的质控内容相互交错、互为因果，多专业多领域专家参与评估、交流，帮助研究人员进行多角度、多方位思考与评估，更好地推动井位研究进展，显著提升研究质量。

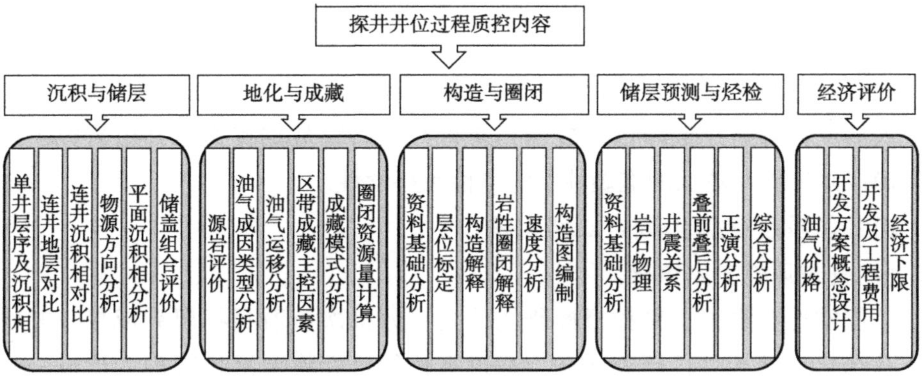

图 3 - 10　勘探数据质控内容示意图

3.3.2　勘探数据质控流程

明确质量管理委员会组织架构，并不断细化和量化井位审查的各个管理环节，将责任层层分解、落实到人，形成了井位研究团队、井位质控专家组、井位审查专家组和技术委员会的“3 + 1”级质控、“3 + 1”级审查的质控审查体系（图 3 - 11）。将其贯彻落实到井位研究过程质控之中，使研究过程的各种风险因素能够得到有效掌控，形成“人人知质量、人人讲质量、人人保质量”的工作氛围。“3 + 1”个不同层级的审查和“3 + 1”个不同层级的质控互相支撑、互有补充，首次实施勘探目标多维度质控审查体系，更好地指导、管理、督促质量管理工作，确保勘探目标研究质量。

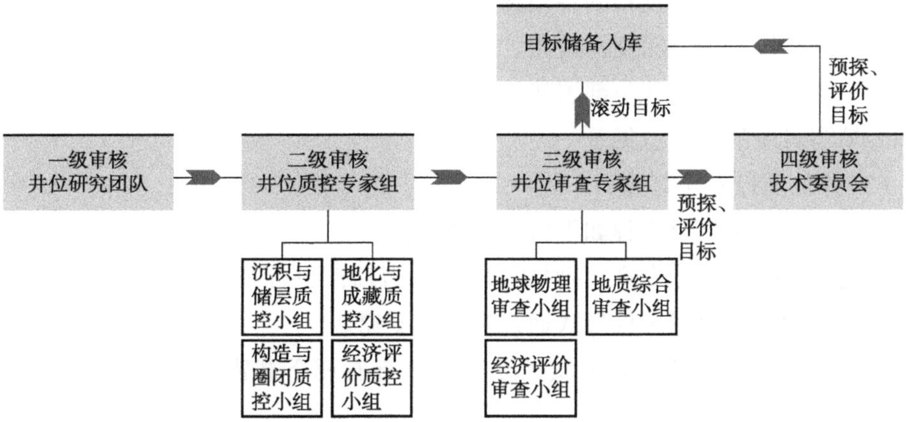

图 3 - 11　勘探目标多维度质控流程图

勘探多维度质量控制体系主要包括 4 级审核。

1)井位研究团队审核(一级审核)

完成目标评价与优选、钻前评价以及井位部署阶段的相关研究工作后，井位研究人员负责采集并整理目标数据，并将井位研究数据提交至井位研究团队审核，确保井位研究数据的准确性、完整性和科学性。

2)井位质控专家组审核(二级审核)

(1)井位质控专家审核。

井位质控专家根据勘探目标研究计划，分批次查看目标研究成果，并将质控审核结果反馈给井位研究团队，通过审核的目标将由勘探管理人员进一步提交给井位质控专家组打分专家，未通过的目标返回井位研究团队进行整改(图 3 – 12)。

目标详情	序号	目标名称	审核状态	审核提交状态	质控结论	审核任务时段	井位研究团队名称	……
详情查看	1	XX12–1	已审核	已提交	通过	2024/7/1	××勘探组	
详情查看	2	XX12–3	未审核	未提交		2024/7/1	××勘探组	
详情查看	3	XX12–5	未审核	未提交		2024/7/5	××勘探组	

图 3 – 12　质控审核任务界面图

质控表填写内容包含质控内容数据查看和质控意见填写两部分(图 3 – 13)，可查看地震资料、地质资料的各类图件，包括地质层位标定、地震剖面解释、速度解释、时间构造图、深度构造图、成藏条件分析、潜在资源量计算、圈闭风险分析、工程经济评价、井位部署建议和压力预测等。井位质控专家可针对各项研究内容填写对应的质控意见。

(2)井位质控专家打分。

井位质控专家打分流程如下(图 3 – 14)：

指定井位质控打分专家：勘探管理人员为勘探目标指定井位质控打分专家，设置审核日期，系统以邮件形式通知各打分专家。

井位质控专家打分：井位质控专家在线查看或下载需要审核目标的研究成果，填写目标打分表。

项目组名称：XX1-1			审核日期:2024/7/1
质控内容		质控工作量	质控组专家意见
地震资料	地质层位标定	是	已标定
	地震剖面解释	否	数据不合理
	速度解释	否	待验证
	时间构造图	是	
	深度构造图	是	
地质资料	成藏条件分析	是	
	潜在资源量计算	是	
	圈闭风险分析	是	
	工程经济评价	是	
	井位部署建议	是	
	压力预测	是	
主要技术问题			
专家组长签字：赵×		专家组员签字：王×	
审核结果		▫ 通过 ▫ 整改	
保存		取消	

图 3－13　质控表填写设计界面图

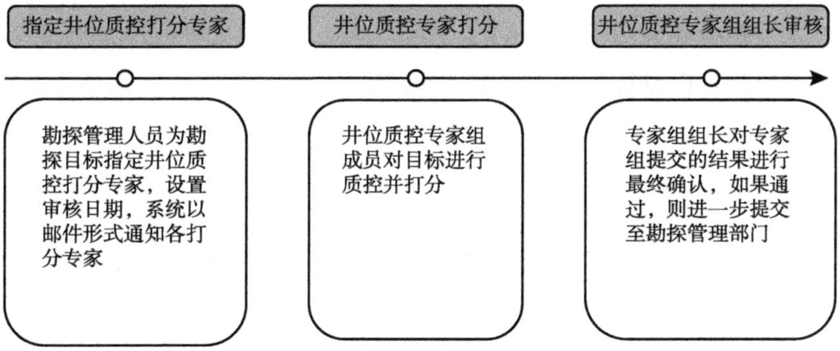

图 3－14　井位质控专家打分流程图

井位质控专家组组长审核：井位质控专家组组长在线查看或下载目标研究成果，查看专家对目标的审核结果，最终决策目标是否通过审核，通过审核的目标将被进一步提交到勘探管理部门。

3)井位审查专家组审核(三级审核)

井位审查专家打分及技术委员会审核流程如下(图 3－15)：

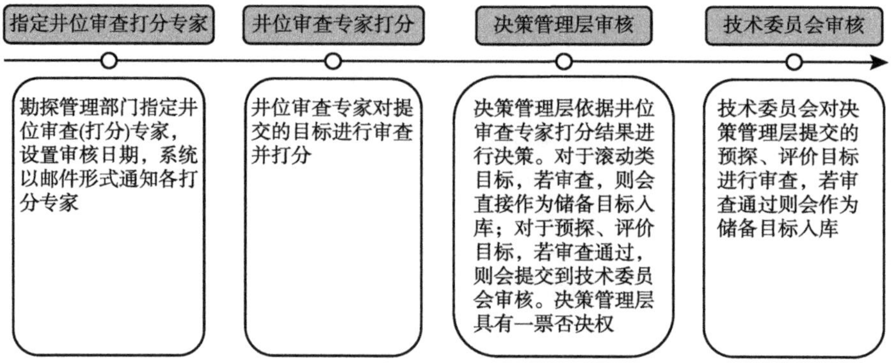

图 3－15　井位审查打分及技术委员会审核流程图

指定井位审查打分专家：勘探管理人员指定井位审查专家，设置审核日期，系统以邮件形式通知各打分专家。

井位审查专家打分：专家在线查看(支持手机端)或下载需要审核目标的研究成果，填写目标打分表。

决策管理层审核：决策管理层在线查看(支持手机端)或下载目标研究成果，查看井位审查专家对目标的审核结果，最终决策目标是否通过审核。通过审核的滚动目标直接入库储备，预探、评价目标提交给技术委员会风险委审核。

4)技术委员会审核(四级审核)

技术委员会：由勘探管理人员在系统中录入技术委员会审核结果，审核“通过”或“不通过”。

3.4　勘探数据管理程序

保障质控体系和质控内容落实到位，高效切实地提高科研成果质量，通过建立与之相适应的规章制度和流程进行管理，从而达到规范工作程序、明确管理责任的目的。井位审查以全方位提升井位研究质量为目的，以集团公司、有限公司关于井位质控、审查相关规定为编制依据，结合井位研究质控管理体系的特点，编制了《探井井位研究过程质控管理规定》和《探井井位技术审查管理规定》等两项规定。规定中明确了井位研究团队、井位质控专家组、井位审查专家组和决策管理层的责任，规范了质控和审查的工作程序(图 3－16)，针对预探、评价、(滚动)预探、(滚动)评价不同类型目标的不同特点设置了技术审查内容。上述规定的实施有效地保证了质控审查体系和质控内容的实施，切实达到了提升井位研究成果质量的目的。

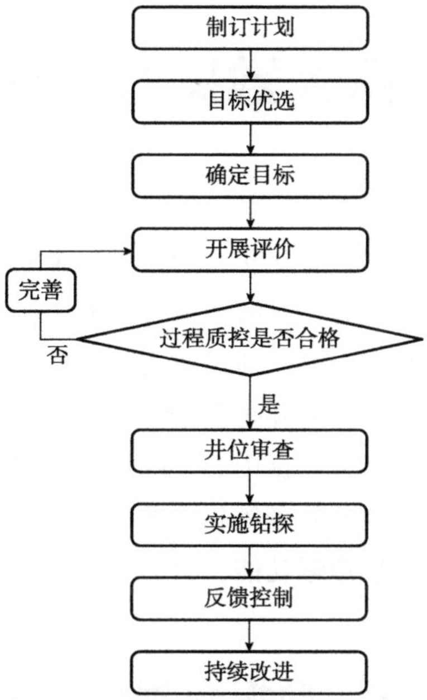

图 3－16　勘探目标质控和审查流程框图

4 勘探大数据智能应用技术

随着数字化技术的进步和数智化转型的推进，企业逐渐从原始数据积累转向数据深度分析和发掘，大数据分析在海洋油气勘探中变得日益重要。公司建立了高效、稳定且交互性强的数据中心，通过对历史数据的补充和完善，积累了大量勘探数据，涵盖了钻井、录井、测井等多个专业领域的数据，并实现了这些数据间的共享与交互。基于勘探开发数据中心，勘探大数据智能分析平台能够从油气成藏条件出发，整合地质、地球物理等相关数据，形成多维度关联，为勘探研究和决策提供可视化分析和智能搜索功能，有力支持了海洋油气勘探工作。

4.1 勘探数据库建设

以面向对象的理念建立相应的业务模型(表 4 – 1)和数据模型，完整地管理了与勘探相关联的表、图件、报告等不同类型的数据，实现了勘探开发数据模型的一体化，再基于业务模型、数据模型和数据库技术构建了勘探数据库，应用大数据技术深度发掘“大数据”背后的价值。与此同时，构建了勘探目标研究的专家知识库，将勘探目标的各类数据、专家经验进行沉淀和提炼，不断演进和完善知识库，指导后续勘探目标的评价和决策工作。

勘探“大数据”及井位审查专家知识库已能广泛服务于新目标的评价和勘探决策，而且新目标的成果数据源源不断迭代进入勘探数据库，井位审查专家头脑中的经验和教训不断地沉淀到知识库中，使知识库得以持续优化，实现了知识库自我完善的良性循环。通过勘探“大数据”和目标审查专家知识库，显性知识和隐性知识得到了充分的积累，“大数据”及知识库背后的价值被充分发掘，不同区带、不同层系、不同油气藏类型的勘探定量评价的知识不断丰富，为价值勘探导向的智能决策奠定了坚实的数据基础。

表 4－1 勘探管理的业务模型

业务域	业务	业务活动	主要内容	目的及成果
目标研究	勘探目标优选	勘探目标优选	圈闭落实(程度)、圈闭油气成藏条件分析、圈闭潜在资源量计算、目标优选	查明和落实各类圈闭的油气成藏条件、分析圈闭资源量、计算预探目标优选
	预探目标钻前评价	圈闭钻前评价	目标成藏条件精细描述(包括地震资料特殊处理)、油气藏模式预测、圈闭潜在资源量复算、圈闭地质风险分析、圈闭工程经济概念设计与评价	精细描述圈闭的成藏条件、油气藏模式预测、圈闭资源量复算、圈闭地质风险分析、圈闭工程经济概念设计与评价
		预探井位部署	预探目标评价及井位建议(包含地层压力预测成果，对外合作区块勘探井位建议)、井位评审(三级评审)、勘探目标入库(井位设计书等相关材料的准备)、钻探任务书编制	预探目标评价及井位建议、各级评审意见、钻探任务书
	预探井随钻分析	预探井随钻分析	随钻地质跟踪、随钻地质方案调整和建议	钻井动态分析，随钻地层分析和对比随钻地化分析(包括流体和岩样)，随钻地层温度、压力监测，预测钻井设计调整和测试层位建议随钻测井解释
	预探目标钻后评价	预探目标钻后评价	钻后沉积研究、钻后地化研究、钻后地层研究、钻后岩石物理研究、钻探成败分析	预探井钻后基础资料整理和分析、圈闭石油地质再评价。获油气流的预探圈闭需做油气藏发现评估，产生结果包含在预探目标钻后评价报告中，包括油气层综合评价、含油气范围预测、油气藏模式分析、初步储量计算、工程经济评价、油气藏评价建议及实施方案

在全生命周期数据闭环管理理念的指导下，采用模型驱动的方式(图4-1)，实现模型的可持续维护，轻而易举地满足业务拓展需求。按照勘探程度、勘探成功率差异，分为滚动区、现实区、新区三类勘探领域，再依据区域投资分配计划、投入产出比、投资预算等因素，分类排队与跨类统筹相结合，进行投资组合优化，制定公司整体勘探部署方案。

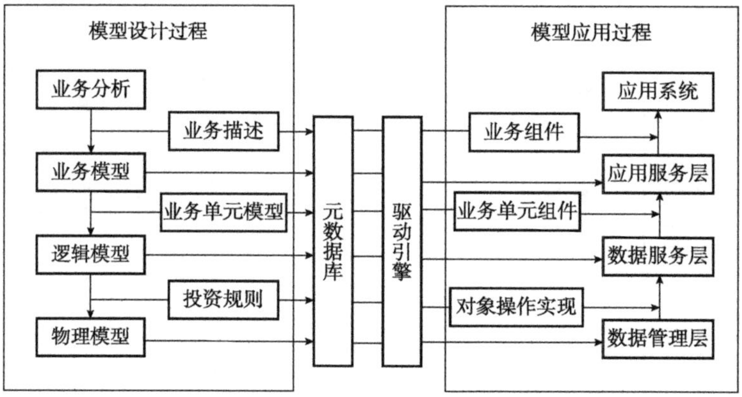

图4-1　模型驱动方式示意图

4.2　勘探大数据智能分析平台构建

勘探大数据智能分析平台是在勘探开发一体化数据中心平台的基础上构建的(图4-2)，旨在对各类勘探数据进行深入分析和发掘。所述勘探开发一体化数据中心平台是在完成源头数据采集和管理的基础上，按照统一的业务和标准规范进行勘探开发数据存储和管理，并通过数据服务体系为上层的各级专业应用提供应用支持的系统，包括数据标准体系、数据资源管理体系、数据采集体系、数据存储体系以及数据服务体系共五大体系。勘探大数据智能分析平台整合了勘探开发一体化数据中心平台和其他勘探开发数据源，对结构化和非结构化数据进行主题抽取、集成及标准化处理，聚焦具体的勘探开发业务应用需求，分主题对数据进行重新组织，按照适合数据发掘和统计分析的多维度方式进行数据的存储和管理，专注于揭示勘探数据间的内在联系，并运用GIS和可视化技术，提供直观易用的数据分析工具，从而提升业务效率和准确性，形成大数据平台以满足不同应用需求。通过数据发掘和机器学习技术，结合多种分析算法，对地质、钻井等多领域数据进行评估和预测，构建业务内部的关联网络，并根据具体需求搭建相应的大数据应用和分析系统。

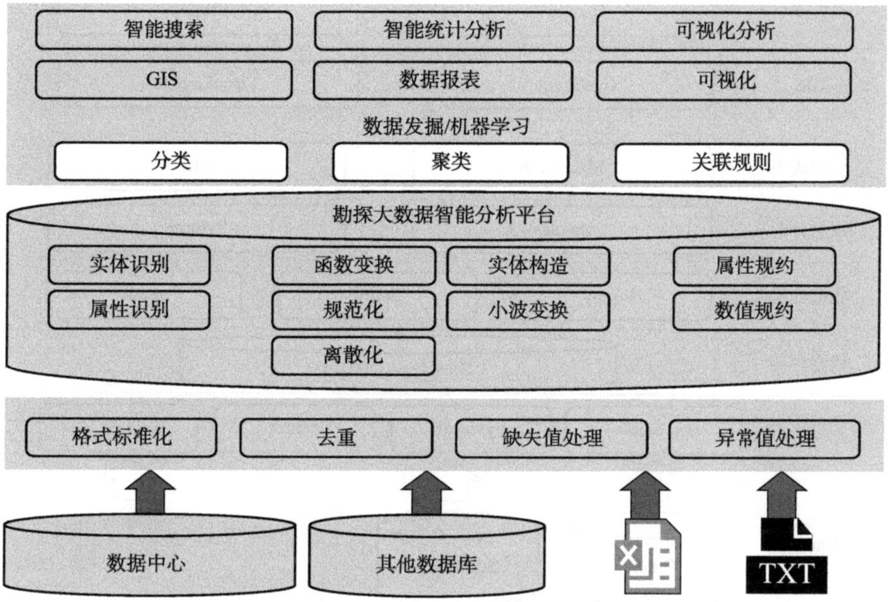

图4－2 勘探大数据智能分析平台系统架构图

该平台采用的技术架构设计原则(图4－3)如下：

(1)总体采用Python体系作为技术选型，着眼于数据发掘和机器学习等大数据应用需求。

(2)模块化编码和集成，同时可以“黏合”采用不同开发语言的功能模块。

(3)GIS采用成熟开源的架构，融合Python底层数据处理和转换能力，便于石油行业既定格式的数据和文件应用。

勘探大数据智能分析平台建设遵循以下技术原则：

(1)以应用研究为目的(如斜深转换为垂深，视垂深、视垂厚、坐标信息)。

(2)以勘探开发目标为基础[圈闭、油气藏(层系)、油气田、平台、井]。

(3)以目标对象参数为中心(圈闭：类型、埋深、储量；油气藏：砂体、深度、厚度、孔渗饱特征、产能、含水率；井：测井、录井、试油、试井、生产、分析化验)。

(4)建立不同数据类型之间的关联，进行不同维度的拆分与聚合。

(5)勘探数据的可视化。

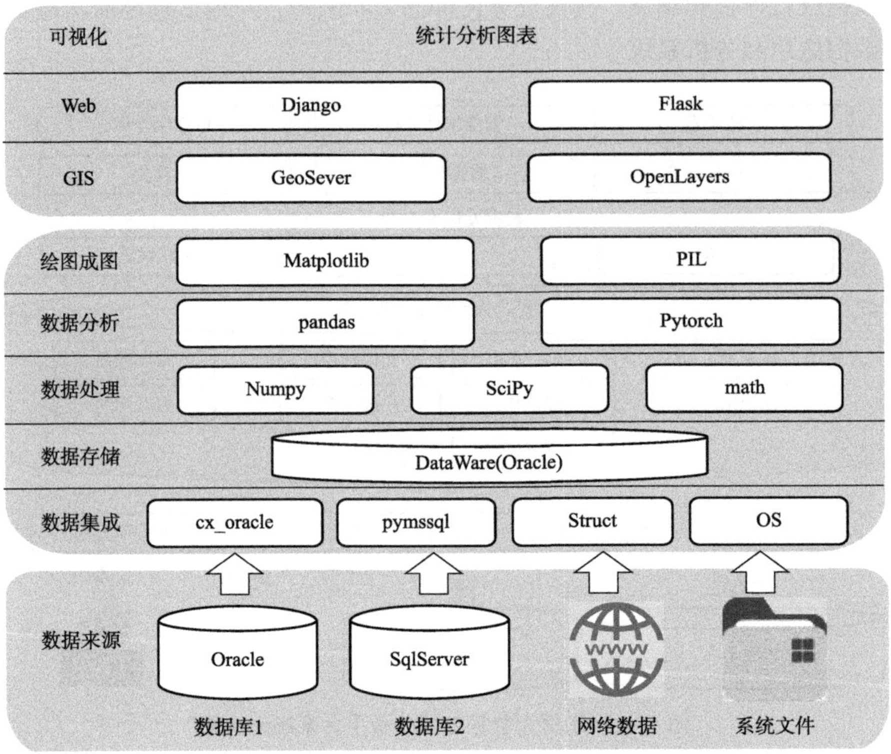

图 4－3　勘探大数据智能分析平台技术架构示意图

通过扩展勘探开发一体化数据中心元模型，构建底层数据立方体框架，为未来的大数据应用奠定数据和技术基础(图 4－4)。在业务层面，勘探大数据智能分析平台关注地质和工程对象，选择层位和井眼尺寸作为数据关联对象，以串联各类勘探开发数据。在数据层面，勘探大数据智能分析平台对勘探开发一体化数据中心元模型进行扩展，定义和配置地层层位与井眼尺寸维度，建立数据间的横向联系，形成多维数据立方体。

在响应前端业务需求的驱动下，勘探大数据智能分析平台承担起对勘探开发一体化数据中心及其他多元数据源进行深度预处理的重任。该预处理流程涵盖了数据的清理、变换、归约及离散化等多个环节，旨在显著提升数据查询的效率与精准度。平台采用先进的模型驱动技术和多维度数据关联策略，实现了数据的动态组织、灵活拼接，从而有效满足了多样化应用场景下的复杂需求。

平台深度融合 GIS 功能，创新性地提供了灵活的圈选工具，为勘探分析与研究工作提供了强有力的辅助手段。此外，平台能够动态捕捉并抽取勘探研究人员所关注的核心业务指标，并配备值域范围过滤与筛选功能，确保了对指标合理性的精准判断。

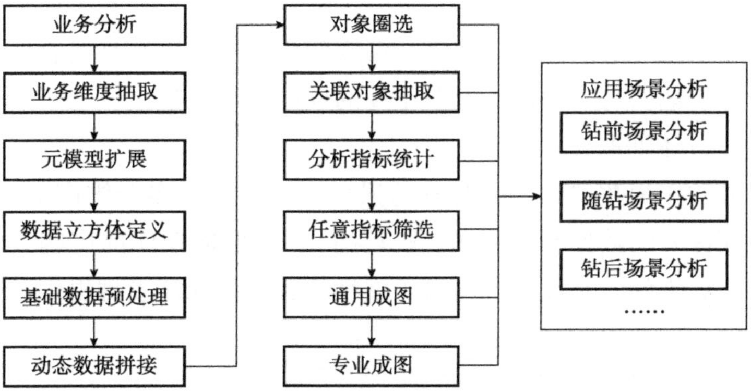

图 4－4　勘探大数据智能分析平台建设实施路线示意图

在结果呈现方面，平台不仅支持以列表形式直观展示查询结果，还具备强大的可视化功能，包括通用图形及专业图件的定制化展示。这些多样化的展示方式，极大地扩展了数据分析与研究的维度，提升了数据解读的直观性和便捷性。

综上所述，勘探大数据智能分析平台在扎实的数据建设与基础功能开发的基础上，已全面具备满足勘探目标研究、随钻分析及钻后分析等多样化应用场景需求的能力，不仅提供了综合展示的平台，还深入支持业务分析与研究工作，为勘探领域的数据驱动决策提供了坚实的支撑。

勘探大数据智能分析平台的构建技术体系，其核心构成主要包括元模型扩展技术、数据立方体抽取技术以及动态数据拼接技术，上述技术共同支撑了平台的高效运行与深度分析能力。

1）元模型扩展技术

勘探开发一体化数据中心依托模型驱动的数据管理体系，实现了模型的便捷扩展与高效部署。该体系通过业务模型、逻辑模型与物理模型 3 个层次的清晰划分与精细管理，确保了业务扩展能够直达物理模型底层，为数据的全面管理与应用奠定了坚实基础。然而，数据中心的元模型设计主要聚焦于数据管理层面，其专业性的纵向维度划分虽有助于数据的专业化管理，却未能充分涵盖业务人员更为关注与习惯的业务数据之间的横向关联维度。

在综合业务应用的广阔场景下，研究人员往往需要从业务维度出发，对数据进行关联查询与深度应用。因此，在数据中心元模型的基础上，我们亟须扩展勘探开发数据之间的横向业务关联关系，以更好地满足业务人员的实际需求。从业务应用视角审视，勘探开发业务数据可大致划分为地质与工程两大领域。大数据智能分析应用可在元模型的基础上，进一步融入地质与工程两个业务维度的关联分析，对石油勘探开发的全部业务进行深度剖析，抽取出具有代表性与普遍性的业务指标，作为地质与工程两大业务维度的横向关联纽带。

2)数据立方体抽取技术

数据立方体作为数据建模与观察的强大工具，通过多个维度的交织与融合，提供了全面而深入的数据洞察视角(图4－5)。在数据仓库的广阔天地中，数据立方体可以是 n 维的，其灵活性与可扩展性为数据的深度发掘提供了无限可能。

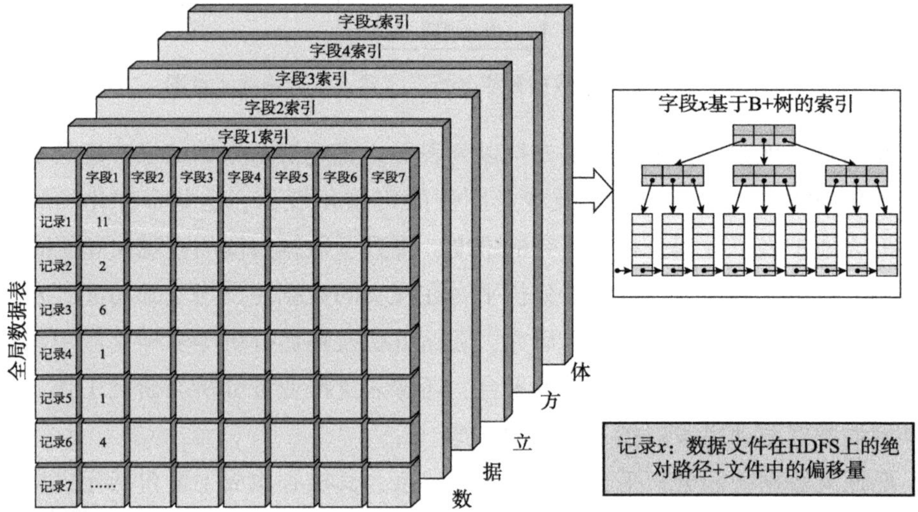

图4－5　数据立方体示意图(1)

数据立方体由维与事实两大核心要素构成。维，作为研究人员想要记录的透视或实体，每个维都可以拥有一个与之紧密相连的维表，用以进一步细化与描述维的属性与特征。维表可以由勘探研究人员或专家根据实际需求进行设定，也可以根据数据的分布特征自动产生或调整，从而确保数据的准确性与时效性。

通常，多维数据模型围绕中心主题进行组织，主题则通过事实表来具体呈现。事实是数值度量的核心载体。事实表不仅包含了事实的名称或度量信息，还包含了与每个相关维表相关联的码(外键)，如同桥梁将事实表与维表紧密相连，共同构建了一个完整而丰富的数据世界。

通过数据立方体抽取技术，勘探研究人员能够以多维视角深入洞察数据的内在规律与潜在价值，为勘探大数据的智能分析提供了强有力的技术支持与保障。

数据立方体可以从多个维度展示地质勘探相关数据的组合情况(图 4 -6)。0D(顶点)立方体是出发点，也是最基础的单元。1D 立方体引入层位、构造带、圈闭类型、勘探成本四个单一维度数据。2D 立方体是两个维度的组合，呈现如层位 - 构造带、构造带 - 圈闭类型等关系。3D 立方体由三个维度构成。4D 立方体则综合了上述四个维度的数据。这种数据立方体结构能帮助地质勘探人员从多维度深入分析数据，挖掘潜在信息，辅助勘探决策。

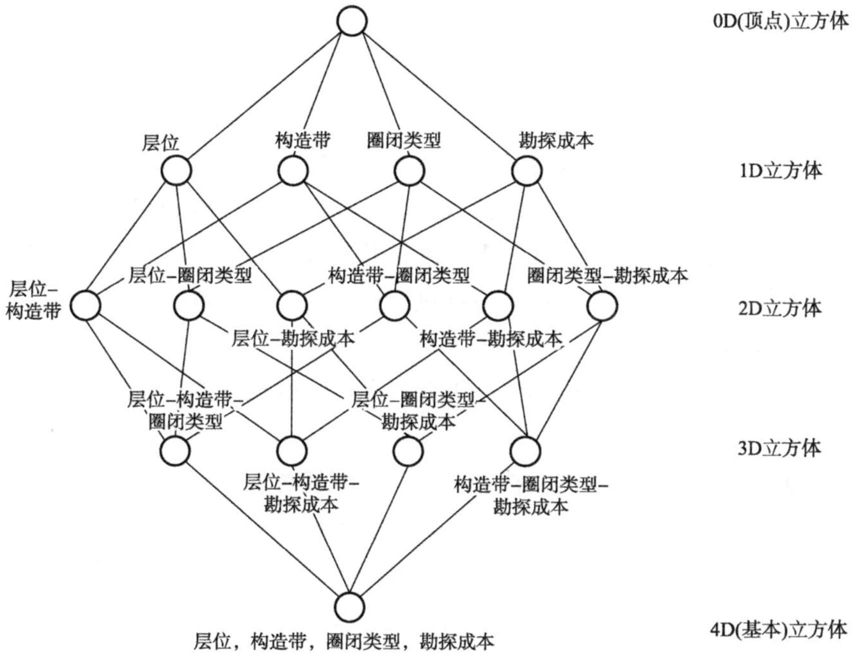

图 4 -6　数据立方体示意图(2)

同一个维可以具有不同的层次，比如构造单元，其本身可以分为一级构造、二级构造、三级圈闭、四级圈闭等，通过概念分层来定义一个映射序列，将低层概念集映射到较高层、更一般的概念，从而可以更方便灵活地形成不同层次的汇总统计结果。

以 × ×盆地(图 4 -7)为例，下分多个不同层次级别：

通过数据立方体中的维度及其划分，可以实现在数据仓库中经常使用的上卷或下钻操作。上卷是通过某个维度的概念分层向上攀升或通过维规约在数据立方体上进行聚集。下钻是上卷的逆操作，由不太详细的数据钻取到下层更详细的信息，下钻通过沿某个维度的概念分层向下或引入附加的维来实现。

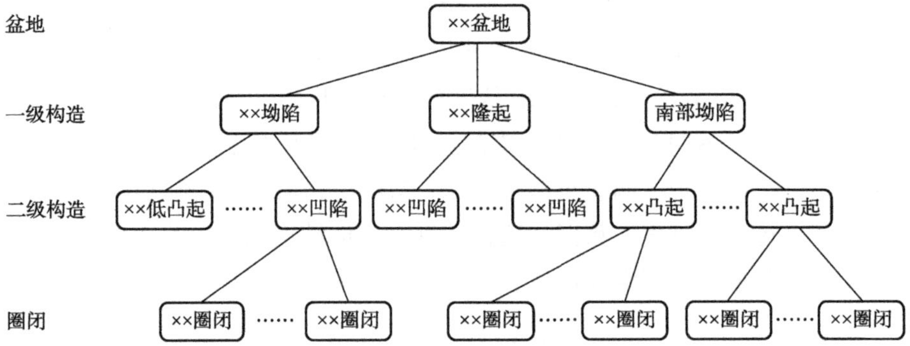

图 4－7　××盆地维度概念分层示意图

在确定业务抽取维度后，对海洋油气勘探开发数据中心的所有数据表和字段进行重新定义和配置，包括数据中心已经定义了的业务对象。总体上是以深度为匹配基准，将所有的业务数据按照抽取的业务维度进行分析和定义，与原始的元模型管理方式一起形成纵横关联的多维勘探开发数据立方体。难点在于将数据中心所有管理的数据按照抽取的业务指标进行逐一定义和配置。

3）动态数据拼接技术

业务应用需求多变且不可预测，因此，勘探大数据智能分析平台需从技术层面提供灵活的数据组织和抽取手段，以满足各种应用需求。要做到以上，还面临几个主要难点：首先，平台需支持业务应用抽取任意数量的字段信息，以提高数据响应效率；其次，平台应能还原业务对象引用场景，让业务人员无须关注唯一标识符，无感地进行数据应用；最后，平台还需支持附录代码和外键引用的替换，确保数据录入和应用的规范性。为克服这些难点，大数据分析平台需对数据中心元模型进行扩展和完善，以提供更灵活、高效的数据服务。

4.3　勘探大数据智能应用

勘探大数据智能分析平台部署了一系列智能应用，如数据智能搜索应用、数据智能统计分析、数据可视化分析等，这些应用有效支撑了海洋油气勘探研究和决策。

4.3.1　数据智能搜索应用

搜索引擎的主要工作是分析和建立不同地质体或井及相关属性之间的关联关

系，基于对勘探开发各类数据相关性的分析成果，结合 GIS 提供的对象筛选和定位手段，底层通过 Python 和 GIS 技术实现数据关联关系的组织和传递，并以合理方式进行可视化展示。

智能搜索与通用搜索的不同之处，主要是其通过建立底层数据之间的关联关系，形成搜索目标的完整相关性。所述关联关系可分为已知关系和未知关系两种，其中对于已知关系的数据，需要分应用场景逐个分析和建立，在大数据平台层面进行相应维度的数据组织；而对于未知关系的数据，则通过统计分析或机器学习的方式进行相关性的预测，从而进行搜索。

关联关系的建立主要是通过对勘探典型应用场景的分析，首先建立起各种对象和数据类型之间已知的关联关系，对于隐含的关联关系，通过频繁项集和关联规则等数据发掘和机器学习算法，给出推荐的相关搜索目标(表 4 –2)。

表 4 –2　关联关系分析示意表

场景	固有关联关系建立	隐含关联关系推荐
构造岩性解释	地震层位→地质分层→测井曲线→测井解释→岩心图片→岩心描述→岩心常规分析	沉积相→气测→钻时
地质分析	……	
储层反演	……	
测井评价	……	
地质建模	……	
井位部署	……	

基于 GIS 功能，勘探研究人员可以灵活地在 GIS 圈选感兴趣的目标井和邻井，在圈选对象范围内通过建立多维度数据立方体，进行精确的地质和工程指标的定位和搜索(图 4 –8)。勘探研究人员可以选择感兴趣的搜索条件，查询各种业务指标，如目标井或邻井在此搜索维度上实施的录井项目、测井项目、钻井取心信息、分析化验项目、试油成果、地漏试验等(图 4 –9)，对感兴趣的信息可以直接穿透到每个项目的具体成果数据，实现地质和工程目标的精确定位和搜索，对勘探研究人员常用的搜索指标和参数进行日志存储，为勘探研究人员提供个性化的参数推荐。

通过底层数据的重新组织和动态拼接功能，可以对感兴趣的任意指标进行动态搜索和成果展示(图 4 –10)。

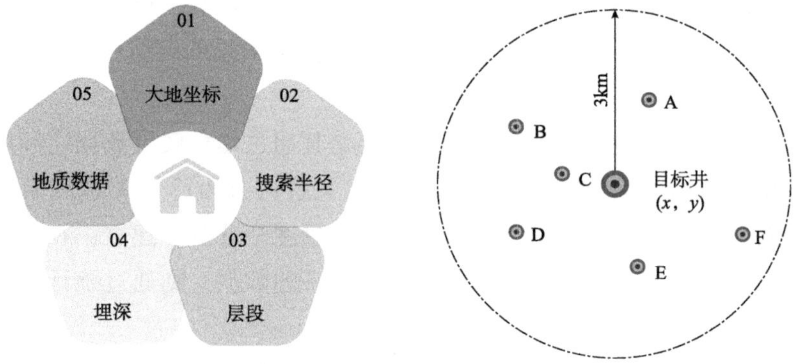

图 4－8　智能搜索示意图

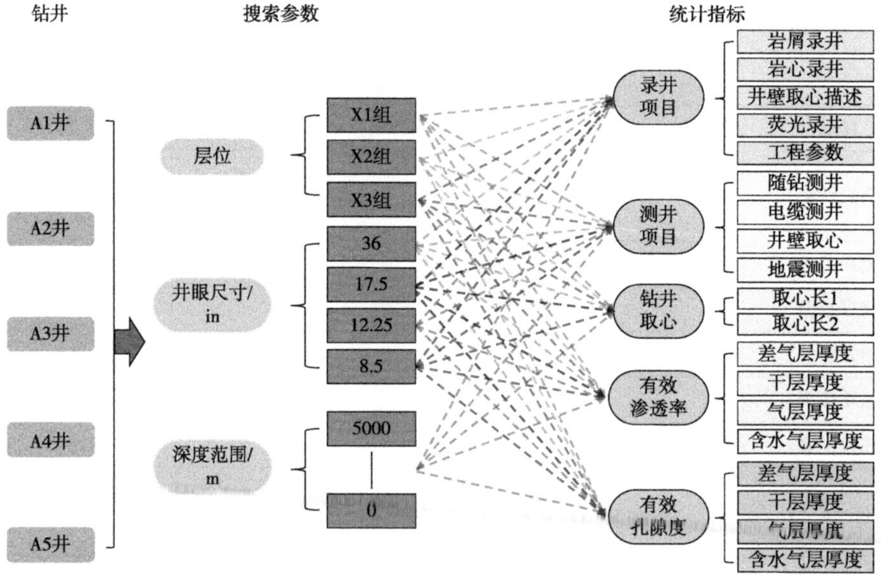

图 4－9　数据立方体搜索结果图

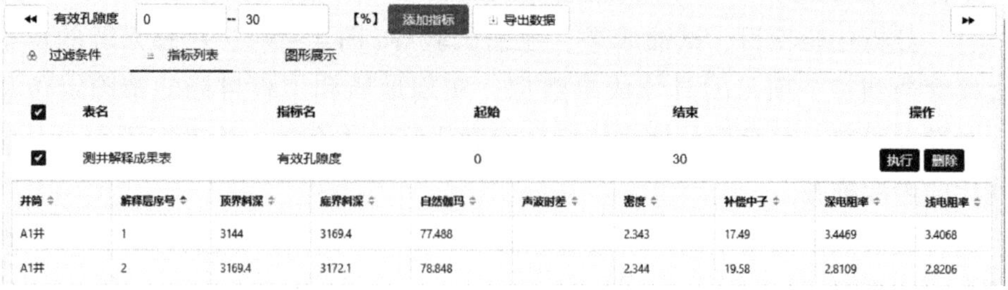

图 4－10　任意指标搜索结果图

通过元模型的驱动，可以对任意指标的值域范围动态定义，后台通过数据动态拼接技术完成前端业务数据需求的动态组织和图形展示，并且实现了多个指标之间的组合查询，提供了更为复杂的业务指标关联查询。

4.3.2 数据智能统计分析

根据业务需求，将勘探数据的应用分为两大类：综合统计分析类和指标应用分析类。综合统计分析类是根据多年勘探开发应用习惯，对常用的数据进行特定的组合，形成特定格式的报表形式供勘探研究人员分析使用。指标应用分析类可提供灵活的指标数据筛选，勘探研究人员自主对数据进行统计分析。

1)综合统计分析

基于不同的勘探研究和作业目的，需要从不同维度进行勘探数据的统计分析，勘探大数据智能分析平台通过设置不同的过滤条件，对勘探开发数据进行多维度的数据综合统计和分析(表4－3)，进而可以对统计的数据量进行数据穿透与数据下钻，极大地提升了数据的获取和统计分析的时效性和准确度。

出于海上石油勘探应用需求，总结和提供了油气藏、井筒工程、分析化验等相关的63类勘探数据统计成果。

2)指标应用分析

勘探大数据智能分析平台通过模型驱动和元模型管理，能轻松统计这些指标在任意区域的分布规律。勘探研究人员只需输入所需指标，并选择特定区域范围，平台便能以箱式图、饼图或面积图等多种形式直观展示指标分布，为地质设计和工程施工提供有力参考。同时，该功能还为实时预测和预警提供了基础数据和功能支持。

以业务人员通常关注特定区域(如圈闭、层位、深度段)内孔隙度、渗透率等关键指标的平均值和分布概率为例，可直观统计出分布规律(图4－11)。

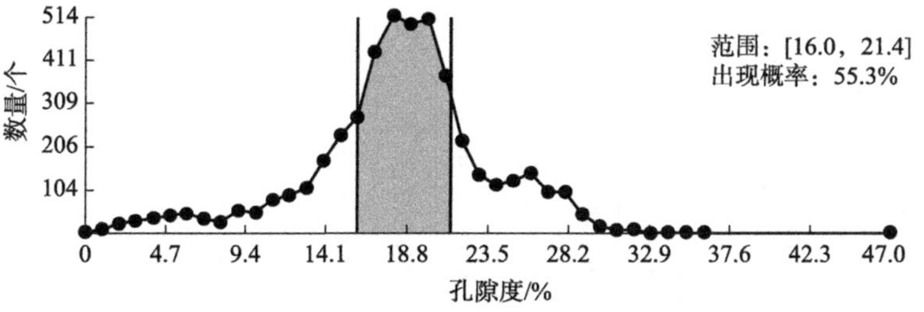

图4－11　孔隙度指标分布规律统计图

表 4-3 某油田数据统计表

井名	开钻日期	取心		测压取样/个													测试		特殊测井项目				
		岩心/m	壁心/个	仪器名称	测压点						取样						次数/次	PVT 样	声波测井	核磁测井	地震测井	成像测井	饱和度测井
					有效点	超压点	干点	致密点	漏封点	取样点	取样总数	油样	气样	水样	泥浆滤液	PVT 样							
A1	2017-06-18		35																				
A2	2018-01-22		32	EFDT	18	0	8	0	1	3	9												
A3	2017-09-22		11	EFDT	24	1	7	0	1	2	7												
A4	2018-10-10		40																				
A5	2013-05-27			ERCT	15	5	7	0	9	2	3	3											
A6	2013-05-25		19	RCI	13	1	9	0	0	2	4	4									√		
A7	2013-06-15	9		RCI	4	0	0	0	1	1	2	2					2				√		
A8	2013-08-17		19	RCI	7	2	1	0	0	0	2	2								√		√	
A9	2013-09-03			RCI	5	2	2	0	2	3	3	2			1							√	
A10	2013-10-03		19	RCI	3	0	6	0	3	0	0									√			
合计		9	175	8	89	11	40	0	17	13	30	13			1		2			2	2	2	

4.3.3 数据可视化分析

数据可视化分析是数据分析结果的最直观体现。勘探大数据智能分析平台数据可视化分析可以分为两大类：一类是通用型的数据可视化图件，如折线图、柱状图、散点图、饼图、面积叠加图、南丁格尔玫瑰图、雷达图、热力图、关系图、矩形树图、桑基图、漏斗图、仪表盘等，此类通用可视化图件的实现难点在于对任意字段的可视化成图，需要实现数据范围的动态标定、异常点的处理、量纲的转换等，这些都需要根据实际的数据情况来进行处理。通用图件是基于元模型驱动，勘探研究人员自主筛选过滤出目标数据和指标后，进行相应的图形绘制，还可以在不同类型的通用图形之间进行自由转换，如散点图、柱状图、折线图、面积叠加图、饼图、南丁格尔玫瑰图等，支持实现大量数据的快速成图展示、区域缩放等，从而满足勘探研究人员的业务数据分析需要。另一类是石油行业的专业图件的可视化，如 $C-M$ 图、粒度分析图、天然气碳同位素指纹对比等。此类石油专业图件的实现难点在于专业算法和规则的实现，以及临时数据来源的同化处理等。石油行业拥有多样的专业数据分析图件，尽管市面上存在众多石油地质绘图软件，但多数软件作为独立系统运行，与勘探开发数据中心和大数据平台存在数据流通障碍。为了解决这个问题，勘探大数据智能分析平台采用 B/S 架构，创新地整合了石油地质图件绘制功能，以模块化和组件化方式构建了一个适用云服务和大数据分析的绘图框架。平台已提供沉积储层类、地化成藏类共计 30 余种专业图件绘制组件(图 4 – 12)，支持外部服务调用，为云计算和大数据分析提供了坚实支撑。该平台以数据中心为基础，结合多种数据来源，通过统一的绘图机制实现图件交互和数据可视化。

1)碎屑组分三角图

碎屑组分三角图主要应用于砂岩的分类。三角图通过三个端点来代表砂岩中主要的碎屑组分，即石英(Q)、长石(F)和岩屑(L)，从而直观地展示不同砂岩类型的矿物成分比例，以明确砂岩类型。在油气储层研究中，砂岩的分类对于储层性质的评价和预测具有重要意义。碎屑组分三角图可以帮助研究人员快速判断储层的岩性特征，进而分析储层的孔隙度、渗透率等物理性质。

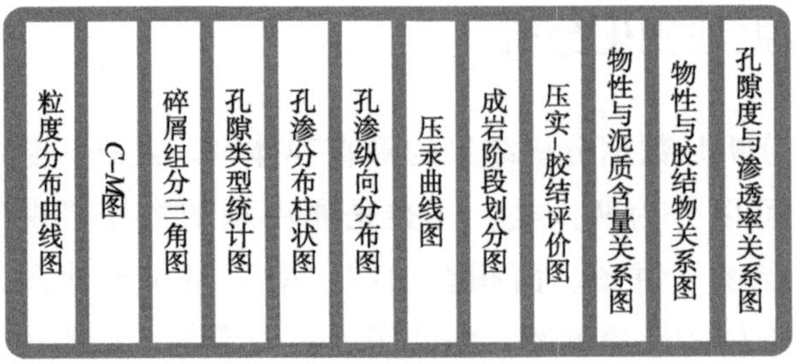

(a)沉积储层类

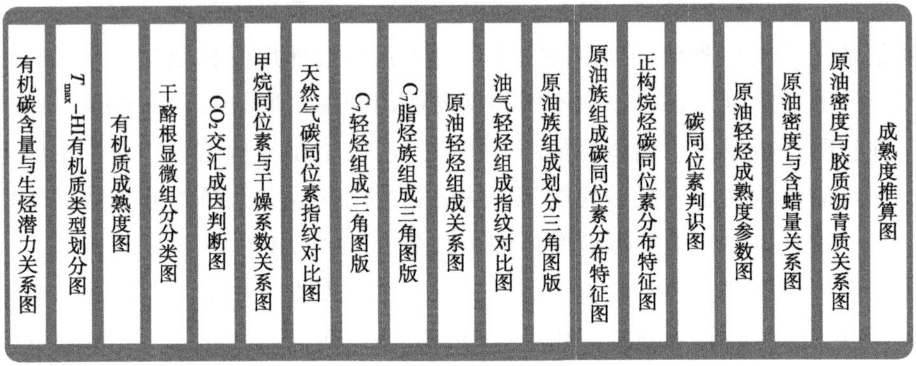

(b)地化分析类

图 4－12　勘探类图版类型示意图

2)沉积环境分析：*C*－*M* 图

C－*M* 图是通过应用沉积物样品的 *C* 值和 *M* 值绘成的图形。其中，*C* 值是粒度分析资料累计曲线上颗粒含量达到 1% 时对应的粒径，代表了沉积物中最粗颗粒的粒径，也反映了开始搬运沉积物所需的最大水动力能量。*M* 值则是累计曲线上 50% 累计含量对应的粒径，即粒度中值，代表了沉积物的平均粒径，体现了水动力的平均能量状况。因此，*C*－*M* 图能够展示沉积物的最粗粒径与中值粒径之间的关系。*C*－*M* 图根据沉积物的搬运方式和沉积环境的不同，可以划分为多种类型。例如，牵引流沉积的 *C*－*M* 图可以划分为 N－O－P－Q－R－S 等段，每段代表不同的沉积过程和沉积环境。浊流沉积的 *C*－*M* 图则表现为平行于 *C*＝*M* 基线的图形，反映了浊流沉积特有的递变悬浮和整体沉降作用(图 4－13)。

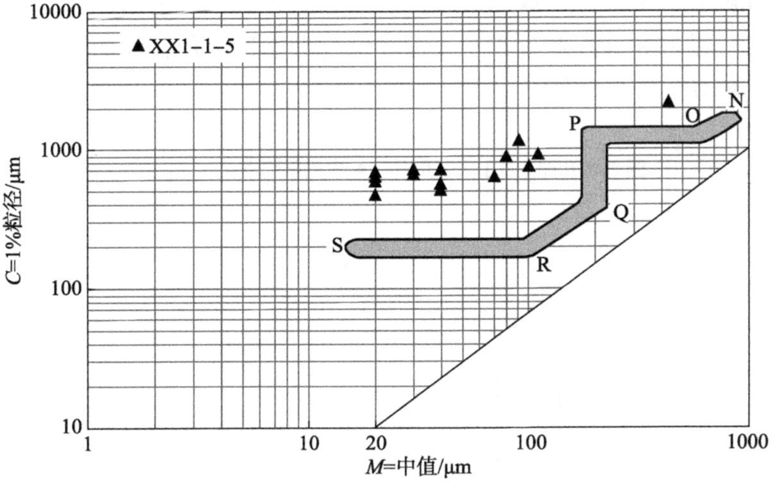

图 4 – 13 C – M 图

3) 粒度分布曲线图

粒度分布曲线图用于展示沉积物样品中不同粒径颗粒的相对含量或比例。该图能够直观地反映沉积物的粒度组成，对于理解沉积物的来源、搬运方式、沉积环境以及后期成岩作用等具有重要意义(图 4 – 14)。

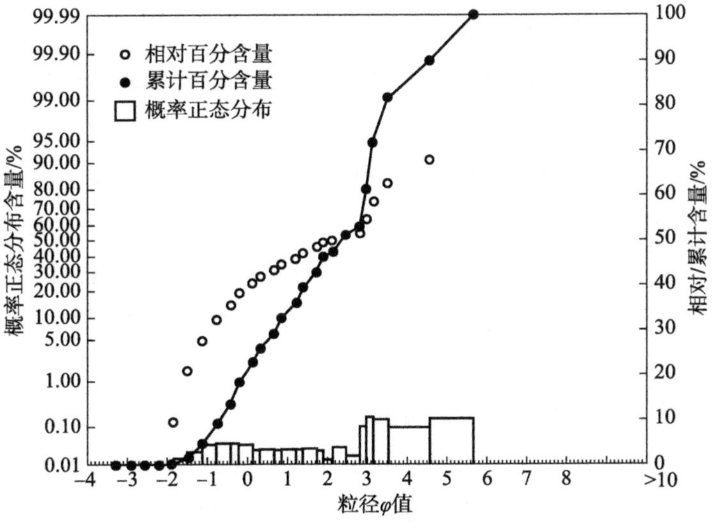

图 4 – 14 粒度分布曲线图

4) 孔隙类型统计图

岩石孔隙类型统计图是一种用于展示岩石中原生孔隙、次生孔隙占比的图形。原生孔隙和次生孔隙在成因、特征、分布及对油气储集的意义上均存在显著差异。在油气勘探和开发的过程中，需要综合考虑这两种孔隙的发育情况及其对储层性能的影响(图 4 – 15)。

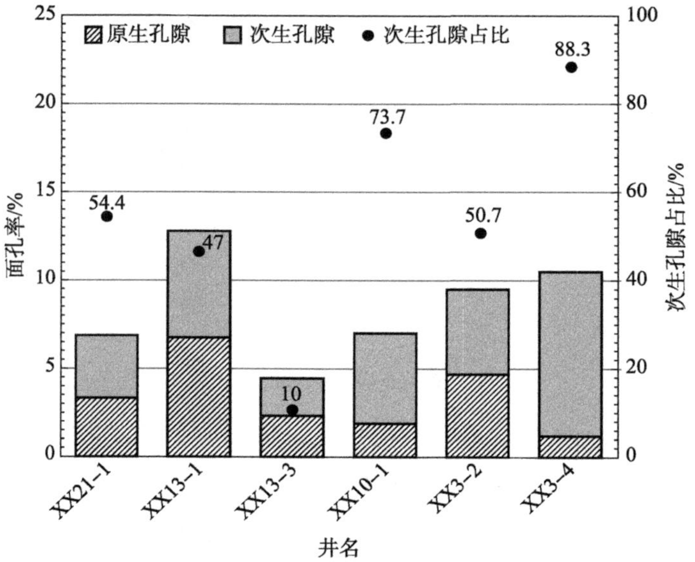

图 4 – 15　孔隙类型统计图

5) 岩石孔隙度与渗透率关系图

岩石孔隙度是描述岩石中孔隙空间大小的一个重要参数，反映了岩石中孔隙体积占岩石总体积的比例。岩石渗透率是表征岩石渗透能力的一个参数，反映了在一定的压差下，岩石允许流体(如气体、液体)通过的能力。对于碎屑岩类型的某一油气层来说，孔隙度与渗透率之间存在统计的近似函数关系，一般孔隙度越大，渗透率也越大，即渗透率随着孔隙度的增大而增大。这是因为较大的孔隙度意味着更多的流体流动通道，从而提高了岩石的渗透能力(图 4 – 16)。

6) 压实 – 胶结评价图

压实 – 胶结评价图通常基于岩石的粒间体积、被压实作用消除的原始孔隙百分比和被胶结作用消除的原始孔隙百分比等参数构建。图中的纵坐标代表粒间体积或被压实作用消除的原始孔隙百分比，而横坐标则代表胶结物的含量或被胶结作用消除的原始孔隙百分比。压实 – 胶结评价图能够定量表示压实作用和胶结作用对岩石孔隙度降低的相对影响程度。通过对比图中不同区域的分布，可以判断在特定地质条件下哪种成岩作用对孔隙度的减小影响更大，对于理解岩石的储集性能和流体流动能力具有重要意义(图 4－17)。

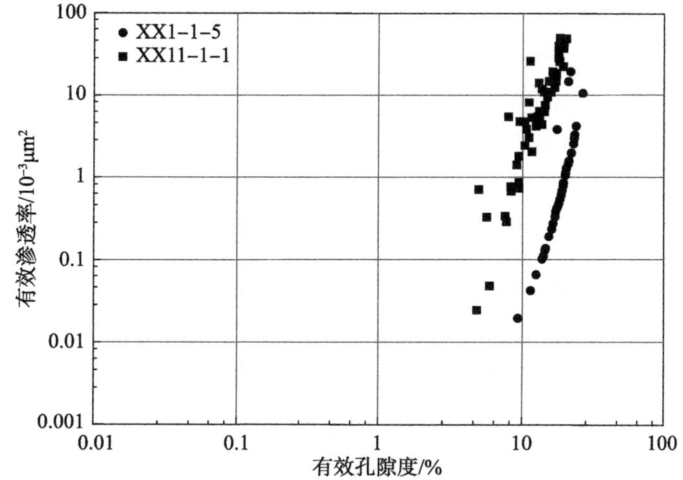

图 4－16　孔隙度－渗透率相关性图

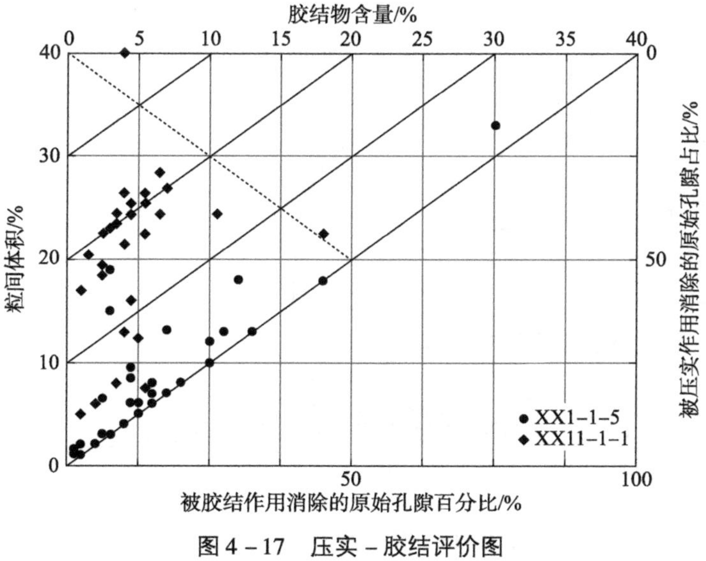

图 4－17　压实－胶结评价图

7)有机质类型划分图

沉积岩中有机质和生油气母质划分对于评估油气资源潜力具有重要意义。T_{max}和 HI 图能够直观地反映烃源岩中有机质的类型。通过测量岩石样品在热解过程中的 T_{max}值(生烃峰 S_2 达到最大值的温度)和 HI 值(氢指数，即每克有机碳剩余的生烃潜力，单位为 mg/g)，可以将有机质划分为不同的类型，如Ⅰ型(腐泥型)、Ⅱ型(混合型)和Ⅲ型(腐殖型)。有机质类型的划分对于理解烃源岩的成因、评价其生烃潜力以及预测油气资源分布具有重要意义。同时，T_{max}值也是评价烃源岩成熟度的重要指标。随着烃源岩埋藏深度的增加和温度的升高，有机质逐渐热解生成烃类，T_{max}值也随之升高。因此，T_{max}值的高低可以反映烃源岩的成熟度状态。另外，HI值随着成熟度的增加而逐渐降低，因为有机质在热解过程中逐渐消耗。通过T_{max}和HI图，可以清晰地看到烃源岩成熟度与HI值之间的关系，进而评估烃源岩的演化阶段和生烃潜力。此外，该图还可用于油气生成阶段预测，不同的成熟度阶段对应着不同的油气生成阶段。通过T_{max}和HI图，可以预测烃源岩在不同埋藏深度和温度条件下的油气生成情况。例如，低成熟度阶段主要生成生物气，随着成熟度的增加，逐渐生成石油和湿气，可以用来预测有利的油气生成区域和层位。研究表明，T_{max}和HI图在油气资源评价中也发挥着重要作用，通过综合分析烃源岩的有机质类型、成熟度和生烃潜力等信息，可以评估油气资源的潜力和分布范围。这对于制定油气勘探和开发战略、优化资源配置和降低勘探风险具有重要意义(图4-18)。

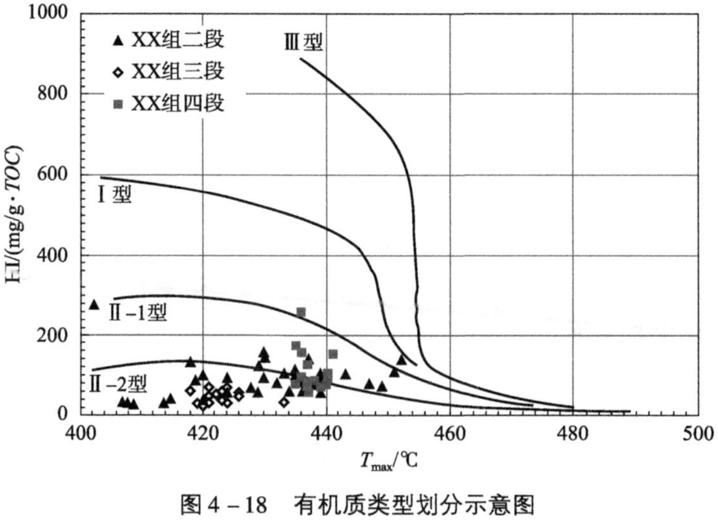

图4-18　有机质类型划分示意图

8)有机碳含量与生烃潜力关系图

有机碳含量(*TOC*)指岩石中残留的有机碳含量，是评估烃源岩生烃潜力的重要依据。生烃潜力是指烃源岩中残留烃(S_1)和裂解烃(S_2)之和，生烃潜力不仅和有机质丰度有关，而且和有机质类型有密切关系。生烃潜力(S_1+S_2)能更客观和更直接地体现一套烃源岩的生烃能力，是衡量成油成气能力的重要指标。依据有机碳含量与生烃潜力关系图，将烃源岩划分为优、好、中、差、非共5个等级，用于油气资源评价及区带优选(图4－19)。

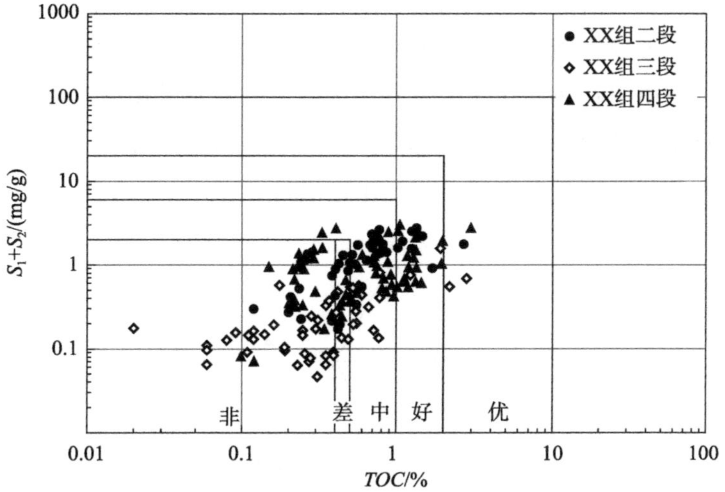

图4－19　有机碳含量与生烃潜力关系示意图

9)干酪根显微组分分类图

干酪根包括壳质组、腐泥组、镜质组和惰质组不同显微组分，这些组分在光学显微镜下具有不同的形态、结构和光学性质。

壳质组主要包括孢粉体、树脂体、角质体、木栓质体等，来源于陆生植物的孢子、花粉、角质层、树脂、蜡和木栓层等。壳质组的组分通常具有较规则的外形，如孢粉体具有完整的孢子或花粉形态，树脂体呈椭球状或不规则状，角质体和木栓质体则具有明显的细胞壁和细胞腔结构。颜色多样，包括浅黄、橘黄、浅棕、黄棕色等。壳质组化学组分相对富氢，类脂组成分相对含量较高，对成烃贡献较大。

腐泥组主要包含藻类体、无定形腐泥体和沥青质体等，是藻类及其他低等水生生物的腐泥化作用产物。腐泥组分在透射光下呈浅黄色，略带透明感；在油浸反射光下呈黑色，有时可见褐红色内反射，反射率在所有显微组分中最低。具有强烈的荧光性，发绿色、黄绿色和黄色荧光。腐泥组H/C原子比高，具有上佳的生烃潜力。

镜质组主要包括结构镜质体和无结构镜质体，来源于高等植物的结构和无结构木质纤维。镜质体具有较清晰的木质结构，无结构镜质体则是经强烈分解后细胞结构完全消失的凝胶化组分。颜色从浅红到红棕色、黑色均有。镜质组含氢较少，对生油贡献不大，但能生成部分天然气，是腐殖型干酪根的重要组成部分。镜质组反射率是衡量生油岩热演化和成熟度的重要指标。

惰质组主要由丝质体等显微组分构成，由高等植物木质部组织经丝炭化作用或在森林火灾后形成。惰质组在透射光下呈棕黑色至黑色，微透明或不透明，一般不发荧光。惰质组在热演化作用过程中的光性变化不及镜质组明显，对生油几无贡献，是Ⅲ型干酪根的重要组成部分。干酪根显微组分分类图对于理解有机质的来源、类型和成熟度具有重要意义(图 4-20)。

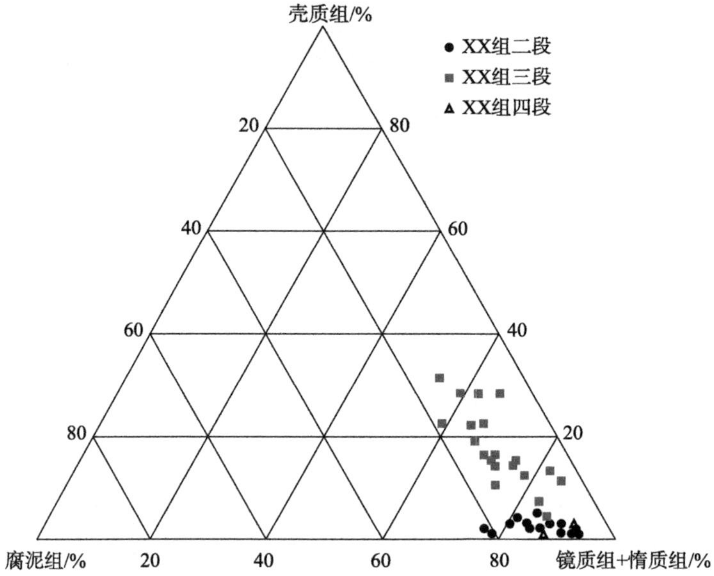

图 4-20　干酪根显微组分分类图

10)甲烷同位素与干燥系数图

油气甲烷同位素主要指的是甲烷分子中碳(C)元素的不同同位素形态，$\delta^{13}C$ 值的高低可以反映天然气在形成和演化过程中的温度和压力条件，以及是否经历了生物作用或热解作用等。随着天然气成熟度的增加，甲烷碳同位素通常会有增重的趋势。天然气干燥系数是指天然气中甲烷组分含量与总烃气[主要是甲烷(CH_4)、乙烷(C_2H_6)、丙烷(C_3H_8)、丁烷(C_4H_{10})、戊烷(C_5H_{12})等]组分含量的比值。这一参数与天然气的成因类型和热成熟度密切相关，是天然气评价研究的重要参数。一般将干燥系数 >95% 的天然气称为干气、<95% 的称为湿气。干燥系数的高低反映了天然气中甲烷的纯度。甲烷同位素与干燥系数图对于理解天然气的成因、成熟度、运移路径及混合过程等具有重要意义(图 4-21)。

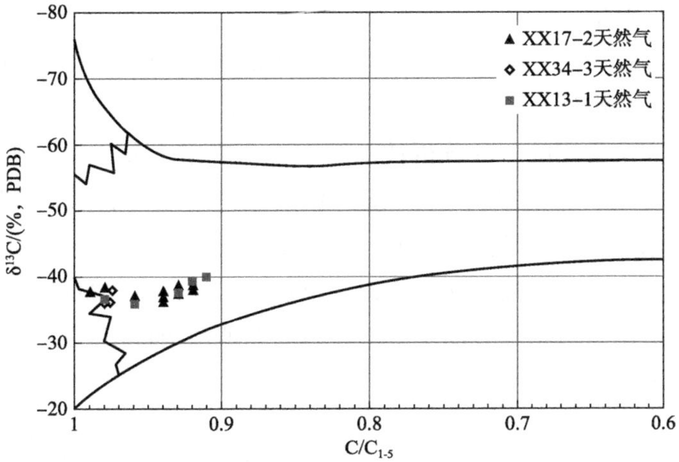

图 4-21　甲烷同位素与干燥系数图

11）天然气碳同位素指纹对比图

天然气组分包括甲烷、乙烷、丙烷和丁烷以及更少量的戊烷及以上烃类。甲烷的碳同位素是指甲烷分子中碳原子的不同同位素形态，主要关注的是碳 12(^{12}C)和碳 13(^{13}C)的相对丰度，常用 $\delta^{13}C$ 值来表示，是样品中^{13}C 与^{12}C 的比值与标准物质中相应比值的差值的千分比。甲烷的 $\delta^{13}C$ 值可以用来分析天然气的成因、成熟度、运移路径等信息。天然气在运移过程中可能会经历同位素分馏和混合作用。天然气碳同位素指纹对比图可以分析天然气中甲烷碳同位素的变化规律，揭示其运移路径和混合机制(图 4-22)。

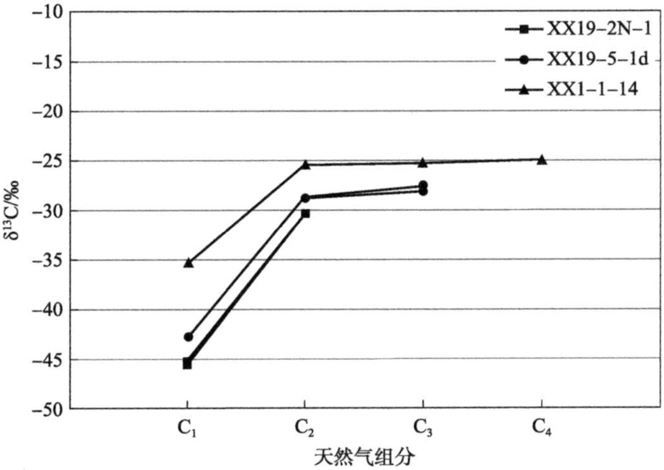

图 4-22　天然气碳同位素指纹对比图

12) 压汞曲线图

压汞法是通过向岩石样品中注入非润湿相液体(通常是汞，在大多数岩石矿物表面不润湿)来测量岩石孔隙的大小分布和连通性。压汞曲线图是岩石物理学和油气储层研究中常用的一种分析技术图表，主要用于表征岩石孔隙结构特征。压汞曲线图通常展示的是注入压力(或等效的汞柱高度)与注入汞的体积或汞饱和度之间的关系。纵坐标是注入压力，而横坐标则是累计注入的汞体积百分比或汞饱和度。压汞曲线图在油气储层评价、煤炭储层评价、建筑材料性能分析等领域有着广泛的应用。该图件有助于了解岩石的孔隙结构特征，进而评估储层的储集能力和油气流动性能(图 4 – 23)。

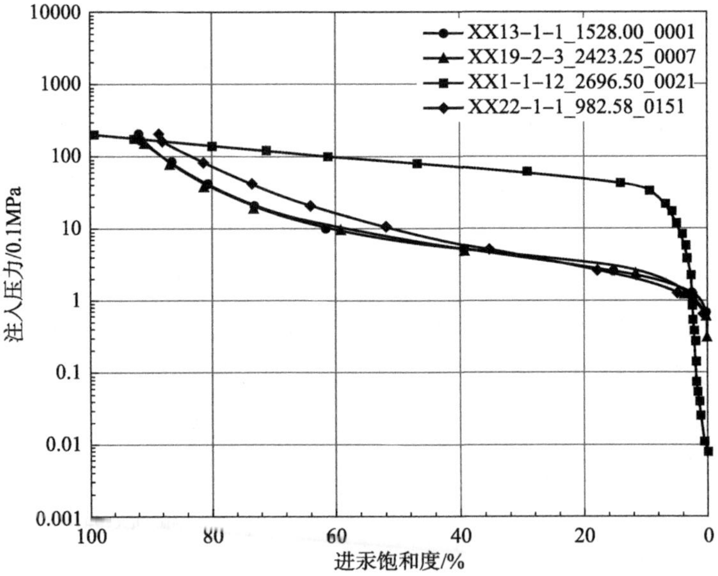

图 4 – 23　压汞曲线图

5 海洋油气勘探决策智能应用技术

海洋油气公司现有的勘探部署研究模式是通过人工统计入库目标的各项指标，根据勘探投资条件进行人工筛选，这种模式效率较低，且当投资需求改变时需耗费大量时间重新统计和筛选，已越来越不适应当前国内外大环境的需求，因此，亟须形成科学的勘探目标决策模型。

通过综合运用数学地质方法、概率统计方法等油气勘探数理统计理论与方法，融合大数据分析理念和技术，将传统的以定性为主的勘探决策技术升级为以定量评价为主兼具智能推荐的勘探决策智能应用技术，推动海洋油气勘探决策走向智能化。

5.1 油气勘探数理统计理论与方法

油气勘探决策智能应用基于数学地质和概率统计两类数理统计理论与方法开发，分别用于勘探目标优选、排队，勘探投资组合决策以及勘探专家定量评价。

5.1.1 数学地质方法

数学地质是地质学分支学科，是地质学、数学及信息技术相结合的产物，以地质学为基础、数学为工具、信息技术为手段，将地质学家的直观观察与数学家的严谨逻辑、信息技术的数据处理优势紧密地结合起来，旨在定量化解决地质科学问题。在数学地质的研究实践中，运用到回归分析、聚类分析、主成分分析、神经网络模型等各类数学方法。这些方法各具特色，但共同的作用是从海量的地质数据中提取出有价值的信息，揭示隐藏在数据背后的规律。例如，回归分析可以帮助我们研究地质现象之间的因果关系；聚类分析能够将相似的地质样本归类，以便进行更深入的研究；主成分分析能够简化复杂的地质数据，提取出主要的影响因素；神经网络模型则能够模拟人脑的学习过程，自动识别和预测地质现象的变化趋势。

根据海洋油气勘探的特点，结合数学地质原理，在勘探目标优选、排队，勘探投资组合决策中分别提炼了综合储量法和"求最优解"法。

1）综合储量法

勘探工作是紧紧围绕圈闭的地质条件来开展的，其中储量参数最为关键。而勘探目标智能优选、排队是勘探的重点工作之一。传统的勘探目标优选和排队的管理模式是通过人工统计入库目标的各项指标（主要是储量指标），根据勘探投资条件进行人工筛选和排序。这种方式效率较低，且当投资需求改变时需耗费大量时间重新统计和筛选。另外，传统的勘探目标基础地质参数中有潜在地质储量、可采储量、井控储量等指标，但仅依据这几个指标进行目标排队有较大局限性。当勘探投资条件的影响参数较多时，只能定性排序，无法综合兼顾各类参数。正是基于以上原因，创新融入"数学地质"的管理理念，首次建立了"收益－风险"综合储量法对勘探目标进行定量优选。

融入"数学地质"的方法，针对勘探目标"收益－风险"同时存在的两面性特点，选用主要的经济评价指标（内部收益率、投资回收期等）和风险评价指标（经济风险、工程技术风险等），通过一系列地质参数的优化与排列组合，提出了综合储量的概念。将勘探目标的地质条件、领域属性、油气类型、专家打分等相互约束的参数融为一体，根据综合储量对目标进行优选、排队（图5－1、图5－2），更进一步推进勘探目标部署决策工作的定量化、科学化、系统化、智能化。

因素：
- a.储量规模：A
- b.风险：R
- c.收益率：C
- d.领域性：L
- e.井控储量系数：W

综合储量：$A(f)=[(1-R)\cdot L]\cdot[(1-R)\cdot C/12\%]\cdot W\cdot A$

图5－1　综合储量法目标优选、排队模型图

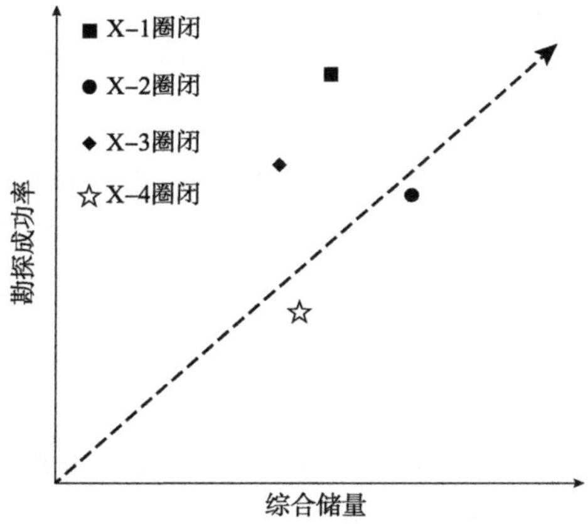

图 5－2　多参数目标优选、排队模型图

2)“求最优解”法

针对油田的复杂地质条件，提出了不同要素控制下的投资优化组合求解模型和方法，该方法是数学地质在勘探投资组合决策中的良好实践，求取勘探投资组合与数学中的“求最优解”(最优解的定义：使某线性规划的目标函数达到最优值的任一可行解，都被称为该线性规划的一个最优解)不谋而合。

该方法的主要思路如下：

(1)在充分分析现有目标储量规模与风险的基础上，计算现有投资组合的结果，根据“在风险一定时，求效益最高组合；在效益一定时，求风险最小组合”的优化原则及约束矩阵(图 5－3)，建立不同的优化模型，实现对现有投资组合进行效益优化、风险优化和控制因素的最优化。

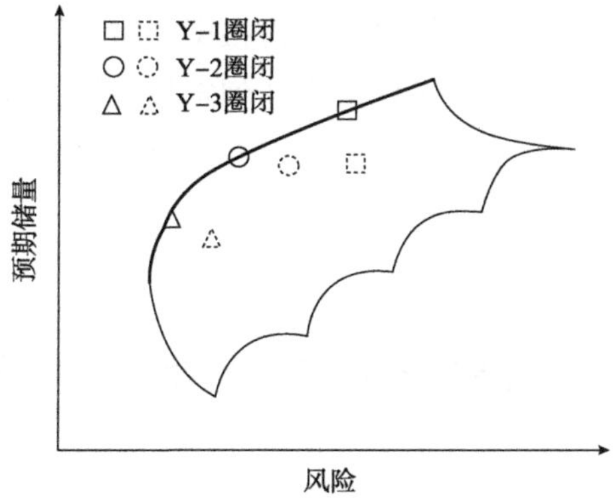

图 5－3　勘探目标投资优化组合约束矩阵图

实线图形表示项目团队评估结果，虚线图形表示井位审查专家评估结果

(2)创建单井位(非单目标，某些目标一次性可能提出多个井位)多参数评估模型，引入领域性、温压条件、水深条件等衡量复杂地质条件的参数，以满足不同约束条件下勘探部署的要求。

(3)创建以“风险分析－资源价值”为核心的入库目标投资优化组合决策模型。根据勘探费用预算、规划目标、约束条件、商业原则等条件自动优选一组待钻目标，实现“投资优化组合”结果的动态实时呈现。

(4)创建不同控制要素下的投资优化组合规划求解模型，可根据输入条件，求取最优待钻目标组合。

(5)投资优化组合规划求解模型和技术均构架在“大数据”的知识库上，根据投资决策参数的变化，自动匹配最优的约束边界值，在入库勘探目标实时变化时可实现动态求解。

5.1.2　概率统计方法

在当今数据信息爆炸的时代，如何从海量的数据信息中提取出有价值的数据信息，已经成为一个亟待解决的问题。概率统计法正是一种能够进行数据有效筛选、分析和利用的方法。概率统计法是统计学中至关重要的分支，是通过收集、整理和分析数据，对数据的内在规律和趋势进行定量描述和分析，揭示出隐藏在数据背后的趋势、模式或关联性的真相，从而推断某些随机事件的发生概率及其相关参数，为预测和决策提供科学的依据。

在制定勘探专家后评估与考核标准体系的过程中，应用“概率统计法”，结合信息技术，实现数据自动化收集、整理、分析和决策，根据钻后结果与钻前专家评分的匹配度计算出专家单目标得分，再根据专家出勤、单目标评分等情况综合获得专家总得分，实现了专家考核从定性到定量考核方式的转变。根据评估结果不断完善勘探专家知识库，动态调整勘探专家打分权重，实现勘探专家考核与权重的闭环反馈机制，提高勘探决策的可靠性。

5.2　油气勘探目标智能优选与排队

传统的勘探目标研究以实现地质目的为主，业务专家主要根据研究人员提出的井位部署建议，对勘探目标的地质诉求进行评价和决策。该运营模式存在 3 个方面的痛点，本书聚焦痛点进行了系统性研究，提出了针对性解决方法：

(1)当有多个勘探目标可供选择时，业务专家无法仅凭个人经验实现在有限的勘探费用下确定最优的勘探投资组合，从而获得最多的探明地质储量。在这种情况下，每个勘探目标都作为一个独立的投资单元进行成本测算，并没有从总体投资收益最大化的角度进行勘探目标的优选组合，从而导致部分勘探目标的失败直接引起整体投资严重不可控的情况。为了克服现有的勘探目标研究没有以“价值”为导向，缺乏全局优选以及钻后分析反馈的缺陷，建立了一种勘探目标智能优选方法。

(2)油气勘探存在很多不确定因素，其中以地质认识最为关键。对于勘探目标而言，基于一定认识的地质风险是客观存在的，单个勘探目标一旦失败则势必造成勘探投资沉没。针对油田的复杂地质条件，本书提出了不同要素控制下的投资决策技术。

(3)对于评审专家的考核一般采用以定性评价为主、半定量考核为辅的方法，勘探专家的考核仅依据单目标的钻探结果线性累加，未考虑目标的规模、目标评价的难易程度等综合因素。考核结果无法充分调动专家的积极性和主动性，也无法依据考核结果来调整专家权重。为解决上述技术问题，本书提出专家定量化评价概率法，提供一种构建井位评审专家后评估模型的方法，实现了专家考核从定性到定量方式的转变。

5.2.1 勘探目标智能优选

勘探目标智能优选技术是根据目标研究采集的数据计算排队参数值，在参数值的基础上，选择对应因素，直观地对目标参数进行分析，根据相应公式对目标进行智能排队优选，并以散点图及列表的形式展现智能优选结果。

勘探目标智能优选技术的建立主要基于综合储量法。具体操作方法如下：

(1)基于三类目标区域中油井和气井所占的比例，结合不同目标区域历史钻井米成本，分别进行单井投资成本计算，所述单井投资成本等于钻井米成本与单井设计井深的乘积。钻井米成本，即每往下钻探 1m 深需要花费的成本，该参数的单位是“元/m”，与单井设计井深(单位：m)相乘之后得到单井的投资成本。

(2)根据不同目标区域的历史地质成功率对勘探目标进行计算评估，获取每个勘探目标的地质成功率。通过研究钻探目标的油气藏形成条件，估算各项基本石油地质条件存在概率，每项地质条件存在概率估算结果用一个 0 和 1 之间的数值表示，各项地质条件的概率的乘积为钻探目标的地质成功率。

由于概率求取方法多样，本书采用风险矩阵法。风险矩阵法的特点是充分考虑了区块或构造带的勘探现状和资料程度，以风险矩阵的形式给出了地质条件存在概率的取值标准。

基于以下假设条件：油气藏的形成需要同时具备烃源、圈闭、储层、盖层和运聚匹配等基本石油地质条件，缺一不可；对于单层圈闭而言，各项地质条件的存在相互独立。由此得出：

①单层圈闭地质成功率计算。

对于单一目的层钻探目标（单层圈闭），其（P_{gs}）为该层圈闭各项地质条件存在概率之积。

$$P_{gs} = P_t \cdot P_c \cdot P_g \cdot P_q \cdot P_y \quad (5-1)$$

式中，P_{gs}为单层圈闭的地质成功率；P_t为生烃条件的存在概率；P_c为储集条件的存在概率；P_g为盖层条件的存在概率；P_q为圈闭条件的存在概率；P_y为运聚匹配条件的存在概率。

②两个勘探目的层地质成功率计算。

对应的各项地质条件均相互独立，则该钻探目标（构造）至少有 1 个目的层获得地质成功的概率（P_{as}）为：

$$P_{as} = 1 - [(1 - P_{s1}) \cdot (1 - P_{s2})] \quad (5-2)$$

式中，P_{s1}为第 1 层圈闭的地质成功率；P_{s2}为第 2 层圈闭的地质成功率。

该钻探目标各勘探目的层均获得地质成功的概率为 P_{ts}（$P_{ts} = P_{s1} \cdot P_{s2}$）。

两个层对应的各项地质条件不完全满足相互独立，可能有些条件是相关的，例如生油条件存在与否影响各层圈闭是共同的，其余地质条件两个层间是独立的，则该钻探目标（构造）至少有 1 个目的层获得地质成功的概率为：

$$P_{as} = P_t \cdot \{1 - [(1 - P_{s1'}) \cdot (1 - P_{s2'})]\} \quad (5-3)$$

式中，P_t为生烃条件的存在概率；$P_{s1'}$为$P_{c1} \cdot P_{g1} \cdot P_{q1} \cdot P_{y1}$；$P_{s2'}$为$P_{c2} \cdot P_{g2} \cdot P_{q2} \cdot P_{y2}$。

有利目标各勘探目的层均获得地质成功的概率为：

$$P_{ts} = P_t \cdot P_{s1'} \cdot P_{s2'} \quad (5-4)$$

③ 3 个勘探目的层地质成功率计算。

当一个钻探目标有 3 个勘探目的层，其地质成功率的基本计算方法与有 2 个勘探目的层的情况相同。但可能出现 3 个勘探目的层的某项地质条件概率不完全独立也不完全相关的情况，例如 A 层与 B 层的储层条件概率相同，但均与 C 层不同，致使计算过程比较复杂。建议只对其中 2 个主要目的层(预测的潜在资源量较大或成功率较高的层)测算地质成功率，以利于确定重点勘探目的层，同时便于适当简化评价过程。在输入相关目标地质评估值后，系统自动生成圈闭各目的层地质风险分析表和目标地质风险分析表，供勘探研究人员直接打印或下载保存到本地。

(3)根据上述单目标探井的成功(失败)概率、领域性系数、收益率、井控储量规模等参数，计算目标综合储量 $A(f)$，利用综合储量进行勘探目标智能优选排队，综合储量 $A(f)$ 是通过以下公式计算的：

$$A(f)=[(1-R)\cdot L]\cdot\left[\frac{(1-R)\cdot C}{12\%}\right]\cdot W\cdot A \tag{5-5}$$

式中，$A(f)$ 为综合储量规模，10^4m^3(油当量)；R 为风险系数,%，即单目标探井的失败概率；L 为领域性系数，类似于勘探区域的成熟度，成熟度高的区域，其领域性系数也高，需要说明的是，成熟区的领域性系数会高于滚动区和新区，不同的目标区域具有特定的领域性系数，领域性系数 $L_{油}$ 和 $L_{气}$，$L_{油}=1+(A-1000)/(10000-1000)$，$L_{气}=1+(A-100)/(1000-100)$；$C$ 为收益率,%；W 为井控储量系数,%；A 为储量规模，也就是资源量，10^4m^3。

综合储量法目标优选、排队模型创建了勘探目标含油气概率计算方法及其赋值标准，建立了圈闭钻前 - 钻后风险因素符合率、资源量及其评价参数偏差系数的计算方法和模型，实现了各级参数的自动计算。以数学地质的理念，创建重要领域系数(L)，用以均衡不同领域、不同当量油气资源量的权重，并赋予风险后的资源量。将目标排队的关键因素(储量规模、风险系数、收益率、领域性、井控储量系数)等组合出一个相互约束的计算模型。

根据多参数的优选排队模型对单目标进行优选、排队的理论和方法，实现了多参数自动化的目标优选排队；形成了不同领域、盆地、油气、深浅水的不同目标排队方式；实现了预期储量的自动计算；实现了规模、风险、成本、经济性等要素均衡下的目标优选、排队。

5.2.2 勘探目标投资决策

油气勘探存在很多不确定因素，如地质认识、工程技术、商业经济环境等，其中以地质认识最为关键。对于勘探目标而言，基于一定认识的地质风险是客观存在的，单个勘探目标一旦失败则势必造成勘探投资沉没。如果投资者根据公司年度勘探部署或中长期勘探战略，从有效的目标群中优选出勘探投资组合就能有效地分散风险，在一定程度上实现整体勘探投资“风险－收益”的均衡，从而可以提高公司的勘探决策水平。

勘探投资组合管理的核心是以最小投资获得最多储量。油田地质条件复杂，蕴含大量的高温、高(超)压、(超)深水储层和目标，对这类复杂地质条件的目标的钻探决策尤显困难，如何在复杂地质条件下获取最优的投资优化组合是摆在石油公司勘探管理部门面前的一道难题。不同要素控制下的投资优化组合规划求解模型和方法如图 5－4 所示。

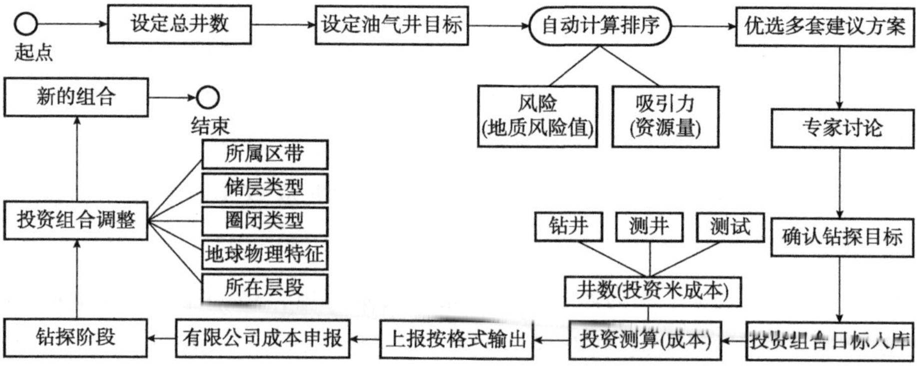

图 5－4　最优解求投资优化组合模型流程图

(1)参选目标选择。

在预探、评价、(滚动)预探、(滚动)评价四类目标中，选择投资优化组合的参选目标，并设定约束条件。

约束条件包括：总勘探投资允许最大值(万元)、井数、各领域探井比例(现实区、滚动区、新区)允许浮动范围值(%)、探井油气比例允许浮动范围值(%)、探井深浅水比例允许浮动范围值(%)，各条件优先级(高、中、低)。

每个参选目标需要录入的数据包括：圈闭要素表、时深关系表、地质风险分析表、原油(天然气)潜在资源量复算表、投资收益表、设计井井位数据表、设计井地层预测数据表、原油(天然气)潜在资源量预测表。

(2)针对勘探投资总成本，确定计划实施的总井数以及成熟区、滚动区以及新区三类目标区的油气井比例。

新区为暂未探明地下油气资源的区域。滚动区，又称复式油气聚焦区，指的是在预探(新区)与全面开发(成熟区)阶段之间，采取交叉进行的边勘探边开发的工作区，可以理解为成熟区与新区之间的过渡区域。其中，成熟区为地下油气资源已经探明的区域，为了确保探井活动获得一定的储量，不放空，必须将一部分的油井和/或气井设置在成熟区内。成熟区占比通常超过50%，且探井活动首先需要确定成熟区内油井、气井的所占比例；其次需要往外突破，争取新的发现，因此需要在成熟区以外的滚动区和新区设井。

具体步骤如下：

①确定总投资额，总投资额是该批次所有勘探目标的总成本上限。

②基于给出的总投资额，以及历史单井钻探成本，设定总井数。

③基于设定的总井数，参考探井比例、单井成本、深浅水比例等，对成熟区、滚动区及新区三类目标区域中油井和气井所占比例进行设定，结合总井数，确定三类目标区域中油井和气井的数量(图5-5)。具体来讲，探井比例是三类目标区域内井数之间的比例，如上所述，成熟区占比通常超过50%，且需要首先确定成熟区内油井、气井的所占比例。作为优选，成熟区的占比为55%~65%，滚动区和新区的占比均为15%~25%，成熟区、滚动区、新区内的井数之

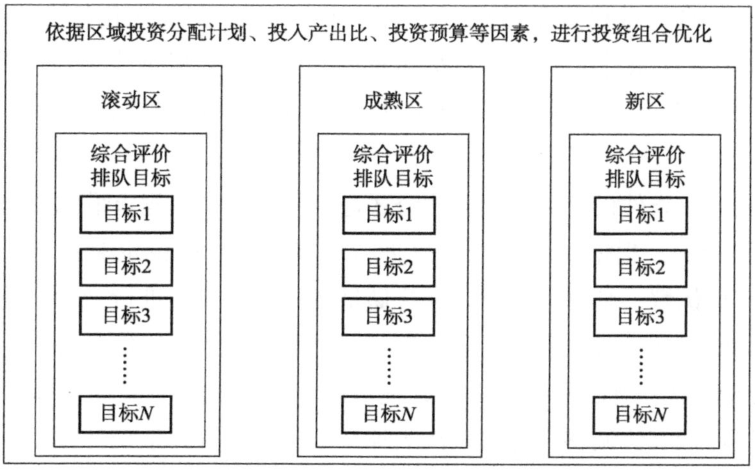

图5-5　目标投资优化组合约束矩阵图

和等于总井数。单井成本可分为三类目标区域内油井和气井的单井成本。深浅水比例指的是分别针对油井、气井两种不同的探井类型，其各自的深水井、浅水井的比例。

(3)投资固定优化模型。

投资固定储量最大化：该模型的目标是使组合中所有目标储量最大，即效益最大化；约束条件包括井数、各领域探井比例、油气比例及深浅水比例。

数学模型：

$$\max \sum_i x_i v_i, \ i = 1, \cdots, n_p \tag{5-6}$$

式中，x_i为目标 i 是否选中(0，1)；v_i为目标 i 的综合储量。

①约束条件——固定投资。

$$\sum_i x_i c_i \leqslant b_e \tag{5-7}$$

式中，c_i为目标 i 的单井成本；b_e为固定投资。

②约束条件——固定井数。

$$b_{min} \leqslant \sum_i x_i \leqslant b_{max} \tag{5-8}$$

式中，b_{min}为目标最小井数；b_{max}为目标最大井数。

③约束条件——探井各条件比例及优先级。

$$f - r \leqslant \frac{x_0 + \cdots + x_n}{y_0 + \cdots + y_i} \leqslant f + r \tag{5-9}$$

式中，x_n 为符合当前设置条件的目标(0，1)；y_i 为投资优化组合选中的目标(0，1)；f 为当前条件下所占总目标数的百分比；r 为根据当前条件的优先级，当前条件下所占总目标数的百分比浮动范围(高级：5%，中级：10%，低级：20%)。

④根据约束条件设定，利用上述公式进行线性规划方程求最优解。

a. 有解情况。根据线性规划方程进行求解，在当前设定参数的情况下，如果可以求出最优解，则将最优解以综合储量排序，以列表进行展示，并给出在当前最优解的情况下，各个参数所占比例，综合费用合计详细信息。

b. 无解情况。当根据线性规划方程求解无法组合出方案时，会根据参数条件的优先级进行算法调整，逐级依次去掉参数条件，直到系统计算得出一套组合方案，并展示在当前方案下，各参数条件所占比例值、综合储量最大值以及当前的合计费用(图 5-6)。

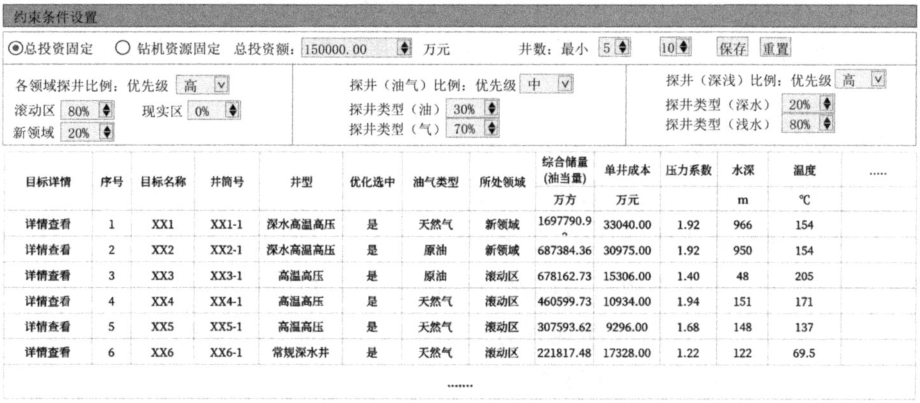

约束条件设置

◉总投资固定　○ 钻机资源固定　总投资额：150000.00　万元　井数：最小 5　10　保存　重置

各领域探井比例：优先级 高　滚动区 80%　现实区 0%　新领域 20%

探井（油气）比例：优先级 中　探井类型（油）30%　探井类型（气）70%

探井（深浅）比例：优先级 高　探井类型（深水）20%　探井类型（浅水）80%

目标详情	序号	目标名称	井筒号	井型	优化选中	油气类型	所处领域	综合储量(油当量)	单井成本	压力系数	水深	温度	.....
								万方	万元		m	℃	
详情查看	1	XX1	XX1-1	深水高温高压	是	天然气	新领域	1697790.9	33040.00	1.92	966	154	
详情查看	2	XX2	XX2-1	深水高温高压	是	原油	新领域	687384.36	30975.00	1.92	950	154	
详情查看	3	XX3	XX3-1	高温高压	是	原油	滚动区	678162.73	15306.00	1.40	48	205	
详情查看	4	XX4	XX4-1	高温高压	是	天然气	滚动区	460599.73	10934.00	1.94	151	171	
详情查看	5	XX5	XX5-1	高温高压	是	天然气	滚动区	307593.62	9296.00	1.68	148	137	
详情查看	6	XX6	XX6-1	常规深水井	是	天然气	滚动区	221817.48	17328.00	1.22	122	69.5	

....

图 5－6　总投资固定优化求解结果图(软件截图)

(4)钻机资源固定优化模型。

钻机资源储量最大化：该模型的目标是在当前钻机资源有限的情况下，优化使组合中所有目标储量最大，即效益最大化；约束条件同样包括井数、各领域探井比例、油气比例及深浅水比例。

数学模型：

$$\max \sum_{i} x_i v_i,\ i = 1,\ \cdots,\ n_p \tag{5-10}$$

式中，x_i为目标 i 是否选中(0，1)；v_i为对于目标 i 的综合储量。

①约束条件——固定投资。

$$\begin{cases} 0 \leqslant \sum\limits_{i} x_i c_i \leqslant b_1 \\ 0 \leqslant \sum\limits_{i} x_i c_i \leqslant b_{\mathrm{h}} \end{cases} \tag{5-11}$$

式中，c_i 为目标 i 的单井成本；b_1 为浅水钻机资源；b_{h} 为深水钻机资源。

②约束条件——井数。

$$b_{\min} \leqslant \sum_{i} x_i \leqslant b_{\max} \tag{5-12}$$

式中，$b_{\min}$为目标最小井数；$b_{\max}$为目标最大井数。

③约束条件——探井各条件比例及优先级。

$$f - r \leqslant \frac{x_0 + \cdots + x_n}{y_0 + \cdots + y_i} \leqslant f + r \tag{5-13}$$

式中，x_n为符合当前设置条件的目标(0，1)；y_i为投资优化组合选中的目标

(0, 1)；f为当前条件下所占总目标数的百分比；r为根据当前条件的优先级，当前条件下所占总目标数的百分比浮动范围(高级：5%，中级：10%，低级：20%)。

④根据约束条件设定，利用上述公式进行线性规划方程求最优解。

a. 有解情况。根据线性规划方程进行求解，在当前设定参数的情况下，如果可以求出最优解，则将最优解以综合储量排序，以列表进行展示，并给出在当前最优解情况下，各个参数所占比例，综合费用合计详细信息。

b. 无解情况。当根据线性规划方程求解无法组合出方案时，会根据参数条件的优先级进行算法调整，逐级依次去掉参数条件，直到系统计算得出一套组合方案，并展示在当前方案下，各参数条件所占比例值、综合储量最大值以及当前的合计费用(图5-7)。

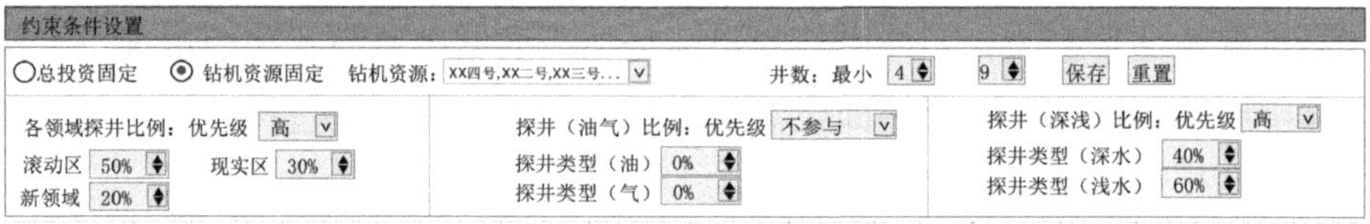

目标详情	序号	目标名称	井筒号	井型	优化选中	油气类型	所处领域	综合储量	单井成本	压力系数	水深	温度	.....
								万方	万元		m	℃	
详情查看	1	XX1	XX1-1	深水高温高压	是	天然气	新领域	1694790.92	33040.00	1.92	966	154.0	
详情查看	2	XX2	XX2-1	深水高温高压	是	天然气	新领域	687384.36	30975.00	1.92	950	154.0	
详情查看	3	XX3	XX3-1	超高温高压	是	原油	新领域	678384.36	15360.00	1.40	48	205.0	
详情查看	4	XX4	XX4-1	常规井	是	原油	新领域	187511.16	2796.00	0.00	26	0.0	
详情查看	5	XX5	XX5-1	常规井	是	原油	滚动区	14669.74	4669.00	1.10	122	109.1	
详情查看	6	XX6	XX6-1	高温高压	是	原油	滚动区	9637.22	5899.00	1.05	110	108.5	

....

图5-7　钻机资源固定优化求解结果图(软件截图)

(5)根据所确定的最优组合模型确定勘探目标组合，并对勘探目标进行钻井施工投资的成本测算以及施工进度计划安排，最后将勘探目标和投资成本测算上报公司决策层。

(6)按照给定的最终钻探目标进行钻探，每个单目标完钻后，记录单目标的钻探结果，根据钻探结果进行分析，具体步骤如下：

①在每个勘探目标完钻后，将该勘探目标的钻探成果，包括资源量、产油量、周期、成本数据录入数智化应用系统中。

②对比完钻勘探目标的钻前预测与钻后实测数据，分析单井的投入与产出差异，并将结果保存到数智化应用系统中。

(7)将记录的钻探结果反馈至所确定的钻探目标，结合设定的投资目标，对余下的钻探方案实施动态调整，具体步骤如下：

①根据投资决策参数的变化，匹配最优的约束边界值，在入库目标实时变化时实现动态求解，并给出调整后的剩余勘探目标的最优组合。

②基于给出的最优组合，对剩余勘探目标进行单井投资重新测算，并更新对应的单井施工进度计划及成本预算。

通过不断研究和摸索，应用数学地质方法，以“最小投资，获得最多储量”为目标创建了不同要素控制下的投资优化组合规划求解模型，以期在管理上获得最优待钻目标组合。该模型实现了在投资固定约束下，获得最优化待钻目标组合和不同类型钻机需求；实现了在钻机资源确定条件下，获得最优化待钻目标组合。首次实现了不同约束下复杂地质条件的投资优化组合快速迭代，其建立的模型和算法是数学地质在勘探目标决策中的深度应用，开创了目标决策“定量”研究的新篇章。

在函数$f(x)$(各因素)条件控制下，求取最优结果(待钻目标组合)，模型的控制要素分为总投资固定和钻机资源固定两类。

其中约束因素包含：综合储量数据、成本(单井成本)、探井比例(各领域60%/20%/20%)、探井类型等。

综合储量数据：A/B/C等综合储量数据。

单井成本：A/B/C等目标单井成本(万元)。

各领域探井比例：SUM(成熟)=55%~65%

SUM(滚动)=15%~25%

SUM(新)=15%~25%

SUM(成熟+滚动+新)=100%。

各类型探井比例：可设定油井与气井的比例、深水井与浅水井的比例。

(8)投资优化组合规划求解模型和技术均构架在“大数据”的知识库上，根据投资决策参数的变化，自动匹配最优的约束边界值，在入库目标实时变化时可实现动态求解。

5.2.3 勘探专家定量评价

油气资源勘探是一种风险较大的投资密集型工业活动，其中，勘探目标的评审是勘探决策中非常重要的环节，是对勘探业务研究人员所有研究成果进行综合评定和认可的最后一环，也直接关系着勘探投资的收益率。在勘探目标的评审过程中，评审专家的能力和水平则是整个评审质量的直接保障。勘探目标评审的目的是对勘探研究工作成果进行整体评估，确定最终钻探井位，这是一项需要综合地质、物探、石油经济等多门学科的复杂工作，而随着当前勘探对象朝着多元化、复杂化方向发展，对勘探目标评审专家的要求也越来越高。

对于评审专家的考核一般采用以定性评价为主、半定量考核为辅的方法，勘探专家的考核仅依据单目标的钻探结果线性累加，未考虑目标的规模、目标评价的难易程度等综合因素。考核结果无法充分调动专家的积极性和主动性，也无法依据考核结果来调整专家权重。对参加勘探目标评审的专家能力和水平只能根据其以往从事相关工作的结果来给出一个定性的判别，并没有结合钻后实际情况，形成不了闭环反馈。勘探形势和地质情况日益复杂，高温高压、深水等地质条件给勘探目标的投资决策带来了更多的不确定性，因此，通过技术手段提高评审专家的积极性和主动性，从而提升评审专家团队的能力和水平，对于海洋石油勘探具有重要的意义。

为解决上述技术问题，本节提出专家定量化评价概率法，目的在于克服现有的对于评审专家的考核无法实施定量考核、无法形成闭环反馈的缺陷，提供一种构建井位评审专家后评估模型的方法，根据钻后结果与钻前专家评分的匹配度计算出专家单目标得分，再根据专家出勤、单目标评分等情况综合获得专家总得分，实现了专家考核从定性到定量考核方式的转变；根据评估结果不断完善勘探专家知识库，动态调整勘探专家打分权重，实现勘探专家考核与权重的闭环反馈机制，提高勘探决策的可靠性。

钻井结束后，根据钻后结果对专家在钻前提出的评审意见或者建议进行综合评估，并给出单目标的专家评审得分。在一个时段(如一年)内，将各个专家的单目标评审得分进行统计、累加，得到总得分，再根据对应专家在时段内的出勤率 s 计算得到平均得分。

总得分与平均得分的分值越高，证明该专家的评审准确率越高，同时也为钻井勘探工作提供了更高的贡献值，因此在时段结束后则会对应增加该专家的权重，并将调整后的专家权重系数应用到下一时段。

专家的权重会关联到该专家的级别、收入等情况，因此可以对专家的参与度、贡献度形成正向影响，使评审专家的绩效评价管理工作得到规范化管理，还可通过绩效评价结果建立绩效导向的差异化评审专家激励机制。

专家定量化评价概率法提供了一种构建井位评审专家后评估模型的方法，该方法包括以下步骤：

(1)计算勘探目标的钻探成果含油气性的成功率，包括对不同构造区域的地质成功率、不同油气类型的地质成功率，以及不同勘探程度地质成功率进行计算，结合行业内对于该勘探目标的含油气性成功率，推算出勘探目标的成功率，以及评审过程中的通过率，初始化评审专家权重。成功率是勘探目标获得工业含油气的比率，统计成功率基于历史勘探目标钻探情况，并从不同维度进行统计，具体步骤如下：

①统计不同地质构造区域内的勘探地质成功率。

②统计不同油气类型的勘探地质成功率。

③统计不同勘探程度的区域内的勘探地质成功率。

④将所述的地质成功率进行加权计算，结合行业总体地质成功率，得到初始化地质目标成功率。

初始化专家的权重为上一时段给定的权重值。如果本次评审是第一时段，则专家的权重为初始设定值，即为1，如果本次评审不是第一时段，则专家的权重为上一时段考核之后给专家确定的权重值，该权重值反映了专家在上一时段的钻井评审工作中的准确率以及参与度。所述时段通常为一年，也就是一个自然年时段内，当然，也可以根据实际情况调整时段的长度，如季度、月度等。

对于所有参与评审的专家，确定一个最低通过率 P，只有当同意实施勘探的专家人数达到所述最低通过率 P 才能视为勘探决策的结果。最低通过率 P 指的是单目标专家评审后需要超过多少才被视为目标通过，通常，最低通过率为2/3，也就是说，有2/3的专家认为通过该单目标的评审，即视为通过，当然，最低通过率 P 也可以根据单目标实际的地质构造、油气类型等客观因素进行调整(表5－1)。

表5－1 勘探成功率与最低通过率

类别	情况1	概率1/%	情况2	概率2/%	备注
含油气性	有	20	没有	80	20%勘探成功率
评判结果	同意	66.67	不同意	33.33	2/3才能通过

(2)对勘探目标(单目标)进行评审，充分考虑勘探目标的规模以及所在地的

地质环境，结合专家提出的评审通过率，对勘探目标进行初始化的评估，并记录单个评审专家的单个勘探目标评审过程。评审专家需要依据评审规范，给出各自的评审结论，所述评审结论与评审目标以及评审规范都需要保存下来，进行存档，作为后评估的对比依据，其包括以下步骤：

①记录勘探目标所涉及的井位个数信息，作为钻后评估的分组依据。

②记录每个评审专家的评审意见。作为其中一个优选方案，专家的评审意见会被记录在一份设计好的表格中，表格将评审内容由定性评审转化为定量评审，使专家的评审意见最终体现在数据上，方便后续统计、计算、分析。

③结合勘探目标的规模、地质环境、经济评价因素进行勘探目标的综合决策。

(3)根据单个勘探目标所涉及或者对应的钻井结果，对钻前专家的评审结果进行后评估，包括以下步骤：

①根据钻前评审专家对勘探目标的评审结果(同意或者不同意)，以及勘探目标的钻后结果(有油气或者无油气)，结合评审实际通过率 P(通过数除以总评审人数)，对评审专家评审结果的后评估模型进行初始化。

②结合初始化的后评估模型，以及初始化地质目标成功率和实际通过率 P，给出单目标评审得分计算模型(表 5－2)，所述单目标评审得分计算模型包括 4 种情况。

表 5－2　单目标评审得分计算模型

得分情况	专家意见	钻探结果	初始分 a	通过率 P/%	最终得分 A	最终区间
情况 1	同意	有	100	100	83	83～100
情况 2	同意	没有	55	100	66	55～66
情况 3	不同意	没有	80	95	91	80～91
情况 4	不同意	有	20	95	18	18～20

其中，通过率 P 也为实际通过率 P，指的是评审专家中通过该情况的人数与总人数的比。实际通过率 P 从侧面反映了评审正确性的相对难易程度，实际通过率 P 越低，则证明该评审的难度越大，反映到最终得分上则会使最终得分的数值升高。利用上述单目标评审得分计算模型获得的初始分 a，以及实际通过率 P，计算每个评审专家在勘探目标评审过程中的最终得分 A。

当专家意见为“同意”，且钻探结果为“有”时，初始分 a 为 100，如果实际通过率 P 为 100%，则计算出的最终得分 A 为 83；同一条件下，如果实际通过率 P

为 80%，则计算出的最终得分 A 为 104，此时为符合“计算结果在单目标评审得分计算模型的最终区间范围内”这一条件，将最终得分 A 调整为 100。

③利用单目标评审得分计算模型获得的初始分 a，以及实际通过率 P，计算每个评审专家在勘探目标评审过程中的得分 A，该计算公式为：

$$A=\frac{a}{\left(\frac{3P}{2}\times 0.8\right)\times 100} \tag{5-14}$$

计算时对所述单目标评审得分计算模型的最低值或者最高值进行截取，计算结果在单目标评审得分计算模型的最终区间范围内。

(4)钻井结束后，根据钻后结果对专家在钻前提出的评审意见或者建议进行综合后评估，并给出单目标的专家评审得分。根据后评估结果，计算专家的综合得分以及排名，包括计算专家的总得分、平均得分以及排名，具体包括：

①对每个评审专家参加的所有勘探目标评审活动的所有得分进行累加，得到总得分，所述总得分体现了评审专家的总贡献值。

②将得到的总得分与对应专家的出勤数相除，得到平均得分，所述平均得分体现了评审专家的均一化贡献值。

③分别将得到的总得分、平均得分进行排序。

(5)基于结果调整评审专家的权重，并将新的权重作为下一时段评审的计算依据。

①根据评审专家的总得分 A、出勤率 s、正确率、通过率 P 进行综合判定，设定权重模型，并计算专家的时段得分 A_Y。

a. 统计得分排名，对所有评审专家历史评审的总得分和平均得分进行统计排名；

b. 对所有评审专家的出勤率 s 进行统计排名；

c. 根据评审专家在每次评审过程中的评审结果以及与勘探目标钻后结果的对比，统计正确率；

d. 计算专家的时段得分 A_Y，该时段得分 A_Y 的计算公式为：

$$A_Y = s\times 100+\frac{\sum A}{n} \tag{5-15}$$

式中，A 表示专家在该时段内的单个目标中的得分，n 表示专家在该时段内所评价的目标数。

②根据所计算的时段得分 A_Y 对所有评审专家的权重进行动态调整，并将调

整后的权重更新到下一时段的评审中。包括对时段内专家的得分情况进行排序，排序前1/3的评审专家的权重调整为1.2，排序后1/3的评审专家的权重调整为0.8，其余专家的权重不调整。

勘探专家定量化评价概率法根据钻后结果与钻前专家评分的匹配度计算出专家单目标得分，再根据专家出勤、单目标评分等情况综合获得专家总得分，实现了专家考核从定性到定量考核方式的转变，实现了勘探专家考核与权重的闭环反馈机制，促使勘探专家的考核更加科学、公平、客观，进而提高勘探目标的审核质量，确保勘探成功率的提升。

5.3 油气勘探智能决策平台构建

本节主要围绕勘探目标智能优选与决策系统建设的关键技术，介绍建设实践成果，包括建设概况、需求分析及系统设计、系统设计概念和处理流程、模型及系统功能设计，以及系统开发与测试等内容。

勘探目标智能优选与决策系统是对勘探目标从识别、评价、投资优化组合、钻后分析、核销全生命周期的成果数据、目标评价过程数据、审核数据等方面进行管理。系统以勘探目标为管理核心，包括目标基础数据、评价数据，实现对勘探目标的识别、评价工作以及井位质控、井位审查、决策管理层、技术委员会打分审核，最终完成储备目标入库，实现勘探管理部门对储备目标进行投资优化组合和钻后分析等。勘探目标智能优选与决策系统建设是指为实现油气公司勘探目标全生命周期数据管理和勘探目标评价，专家打分，投资优化组合，以钻后分析应用为目标而进行的软件平台和数据库建设工作。同时，系统建设要考虑与勘探开发一体化数据研究平台的数据对接，完成以下功能的开发：

(1)对海洋油气勘探研究和决策各活动节点业务进行梳理，形成最终的勘探目标管理与评价数据库。

(2)完成勘探目标研究计划管理功能的开发。

(3)完成勘探目标数据管理应用功能的开发。

(4)完成勘探目标评价应用功能的开发。

(5)完成专家打分和审核应用功能的开发。

(6)完成投资优化组合应用功能的开发。

(7)完成目标钻后分析，即钻后数据采集。

(8)完成专家管理的功能开发，即专家基本信息管理、专家任务管理和专家后评估功能。

(9)完成目标数据应用功能的开发，即查询、统计、报表输出。

(10)建立勘探目标智能优选与决策系统平台。

(11)实现勘探目标数据与勘探开发一体化数据研究平台的对接。

平台将勘探目标作为管理对象和核心，开展识别、评价工作，通过质控专家审核，最终完成储备目标入库工作，达到了对勘探目标进行投资组合和钻后分析的目的，取得了以下5个方面主要成果：

(1)实现了勘探目标从识别、评价、投资优化组合到钻后分析、核销等全生命周期的成果数据、目标评价过程数据、审核数据全流程的线上动态管理，以建立勘探目标“大数据”和知识库。

(2)创建了目标风险智能评估模型，实现勘探目标“大数据”的评价模式；通过圈闭钻前－钻后风险因素符合率和资源量及其评价参数偏差系数计算方法和模型的建立，实现了各级参数的自动计算。

(3)创建了单目标的综合储量值计算标准及模型，融合了数学地质的理念；根据多参数的优选排队模型对单目标进行智能、优选排队，实现了目标智能优选、排队的多参数自动化。

(4)创建了勘探部署智能决策模型，创建了以“风险分析－资源价值”为核心的入库目标投资优化组合智能决策模型。根据勘探费用预算、规划目标、约束条件、商业原则等条件自动优选一组待钻目标，实现了“投资优化组合”结果的动态实时呈现。

(5)创建专家智能后评估模型，根据钻后结果与钻前专家评分的匹配度计算专家单目标得分，再根据专家出勤、单目标评分等情况综合获得专家总得分，实现了专家考核从定性到定量考核的转变。

1)技术原则与流程

通过详细梳理勘探目标管理的各个流程和各个环节，提出勘探目标全生命周期数据闭环管理理念，以面向对象的理念建立相应的业务模型和数据模型，以结构化、图件、报告等方式管理不同类型的数据，实现了勘探目标全生命周期数据闭环信息化管理，科学、有效地保存宝贵的勘探目标相关资料，使目标管理和决策流程可实时动态追溯。

基于现有的管理模式及业务的发展需要，通过整理当前的业务流程及节点，以数学地质的方法建立一系列数据模型，以信息化的手段开发出一套集数据管理、流程管控、勘探目标决策、勘探专家考核等功能于一体的专用系统。

整理的需求细分如下：

(1)勘探目标管理与评价数据模型。

(2)勘探目标研究决策支持系统：注册管理及规范定义功能、目标研究计划管理功能、数据采集功能、勘探目标评价功能、勘探目标打分和审核功能、投资优化组合功能、钻后分析功能、专家管理功能、数据查询功能、规范输出功能、系统安全功能。

2)架构设计技术

架构是软件设计和开发的基础要素，能保证业务流程的相互运求、技术选型、系统安全、数据管理等正常运行。本次对架构进行了简化，选定业务架构、数据架构、技术架构和网络架构作为本次的关注重点，不同架构在功能上有所不同，但是，它们之间相互关联和相互支持，共同构成了总体架构。

业务架构定义了业务策略、治理、组织和关键业务过程，也为要部署的业务应用及业务应用之间的交互关系提供了蓝图，从角色设计和业务流程入手。

在系统使用的过程中，主要涉及如下几类角色(图5－8)：

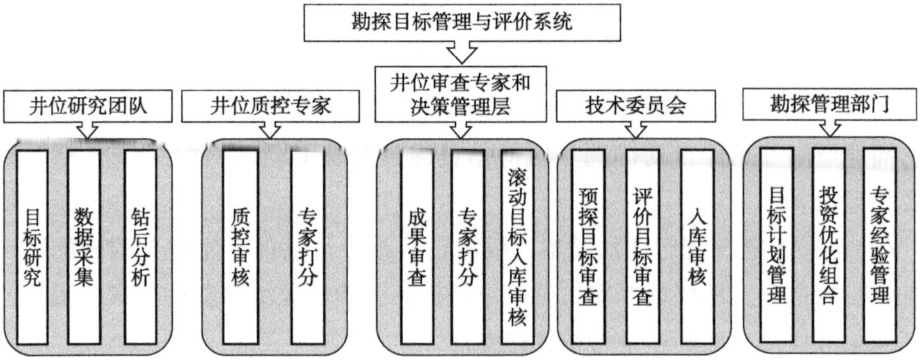

图5－8　系统角色定位图

井位研究团队：确定井位研究目标的研究范围，包括目标评价、钻后分析和目标成果采集，并对采集的目标数据及文档进行审核，提交目标到勘探管理部门。

井位质控专家：主要负责对井位研究团队提交的目标进行审核打分。因此，井位质控对应的系统功能是质控审核、专家打分。

井位审查专家和决策管理层：主要工作是对目标审核打分和滚动目标的入库审核。因此，井位审查对应的系统功能是专家打分、滚动目标入库审核，其中决策管理层具有一票否决权。

技术委员会：在整个工作流程中，技术委员会主要是对通过决策管理层审核的预探和评价目标进行入库审核，因此，系统提供相应的入库审核功能。

勘探管理部门：勘探管理部门的管理人员创建目标研究批次，井位研究团队提交各类目标经过层层审核入库后，勘探管理部门对入库目标进行投资优化组合。同时，目标钻探后，勘探管理部门根据钻探目标调整投资优化组合顺序。每年年底，勘探管理部门使用专家后评估功能对专家权重进行调整。因此，勘探管理部门对应的功能包括，计划管理、投资优化组合和专家管理。

勘探目标管理与评价系统的数据与业务整合流程是一个复杂的过程，涉及多个步骤和环节，以确保数据能够有效地支持业务需求和目标(图 5 –9)。

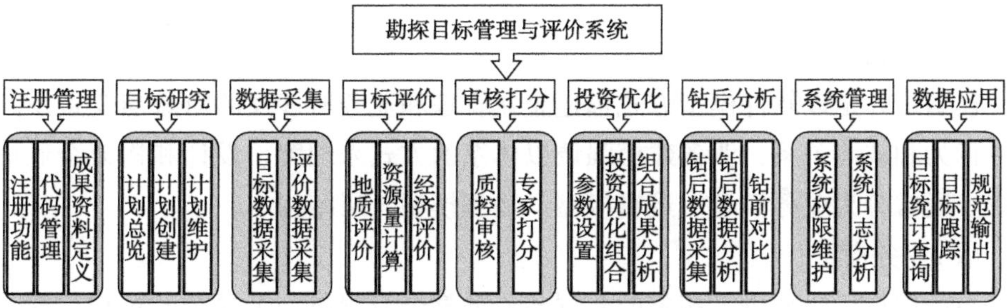

图 5 –9　系统的数据与业务整合图

数据架构设计融合了文档库业务域，并采用了部分数据湖的结构特点。勘探目标管理及评价系统旨在对研究目标进行注册、评价、审核、投资优化、钻后分析。基于此，系统数据库设计分为几个部分(图 5 –10)，现介绍如下：

注册信息模块主要用来设计一些存储基础注册信息的表。目标研究数据包括目标的基础数据、目标评价、目标钻后分析等数据。主体流程描述了勘探目标从注册到目标数据采集的整个数据流向过程。经济评价模块是用来存储目标开发的预测结果。目标审核打分主要分为 4 个阶段，质控专家审核打分、井位质控专家审核打分、井位审查专家审核打分、技术委员会审核等。投资优化组合分为 3 个阶段，即参数设置，目标优选、排队，目标优化组合。用户权限管理采用“用户 –角色 –模块”的权限管理策略，用户可以访问而且只能访问自己被授权的资源。附录表主要存储石油业务层面上的一些专业数据。

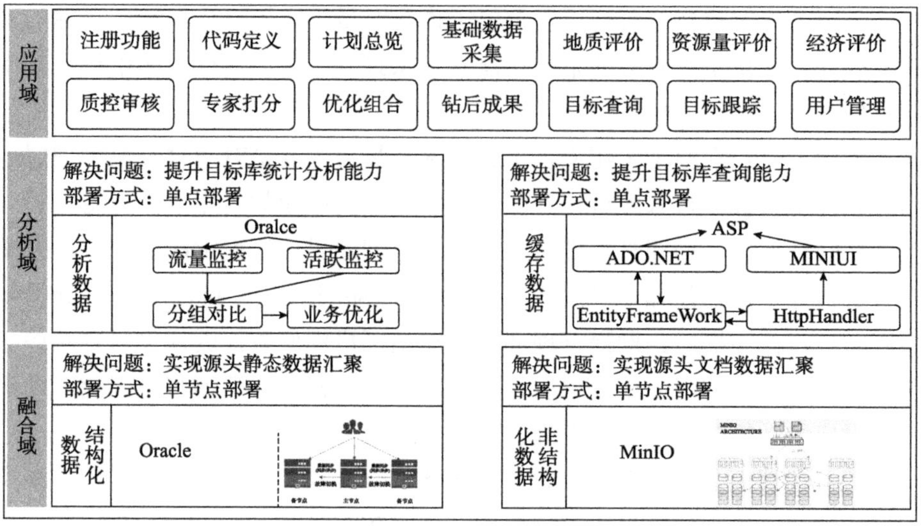

图 5-10　系统数据架构图

3)模型设计技术

模型设计是以软件模型方式描述企业管理和业务所涉及的对象与要素及其属性、行为和彼此关系，业务建模强调以体系的方式来理解、设计和构架企业信息系统。通常分为业务模型、逻辑模型、物理模型 3 层结构。

(1)业务模型。

与勘探目标研究决策相关的数据与业务整合流程是一个复杂的过程，涉及多个步骤和环节，以确保数据能够有效地支持业务需求和目标(图 5-11)。

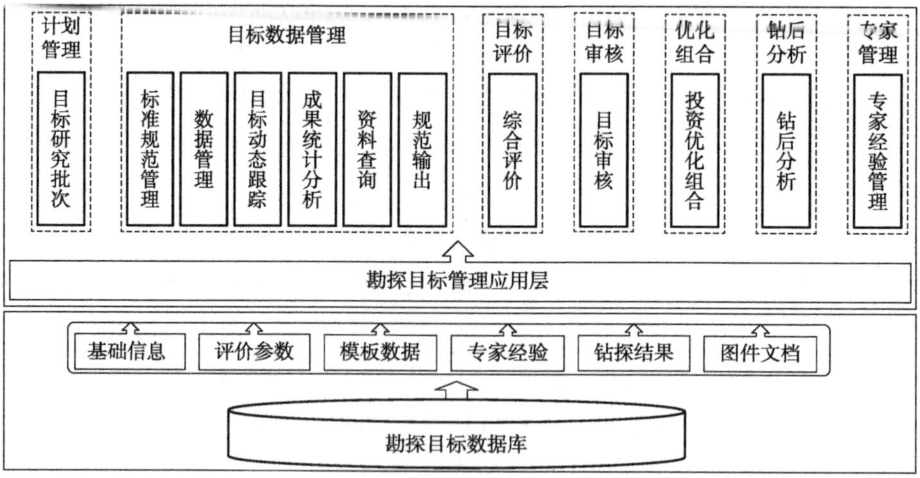

图 5-11　勘探智能决策系统业务处理示意图

"勘探智能决策系统"是一个勘探目标全生命周期的研究决策系统，系统功能包括计划管理、目标数据管理、目标评价、目标审核、优化组合、钻后分析、专家管理共七大功能，系统中不同角色的用户拥有不同的功能模块。

"计划管理模块"主要用来管理用户提报的目标研究计划，支持该计划的新建、修改。一年可以新建多个勘探目标审查的计划批次，一个计划批次包含若干构造带的勘探目标，以满足勘探需求。

"目标数据管理模块"包括标准规范管理、数据管理、目标动态跟踪等功能。

"目标评价模块"即指定井位研究团队审核，对目标进行评价。

"目标审核模块"包括井位质控专家审核、井位质控专家组组长审核、井位审查专家审核、决策管理层审核、技术委员会审核、审核结果查看等功能。

"优化组合模块"是通过设置一定的约束条件，在已研究的目标中选出在某种条件下最优的组合方案。总共分为 3 个步骤，即"参数设置""目标智能优选、排队"和"目标优化组合"。

"钻后分析模块"对钻井后数据进行采集分析、投资优化再组合，进一步明确需求。

"专家管理模块"指专家信息管理和专家后评估。

(2)逻辑模型。

逻辑模型是按照真实世界中业务模型的生命周期来进行业务划分和数据组织的，按照面向对象的方法对业务模型中的业务单元进行重新构建后得到逻辑模型(图 5－12)。在业务模型中，一个基本的业务单元保留着一个业务活动的产生场景，包括该业务活动产生的时间、地点、参与的对象以及产生的数据等信息，这种数据组织模式可以方便地还原业务活动的场景；对于逻辑模型而言，我们

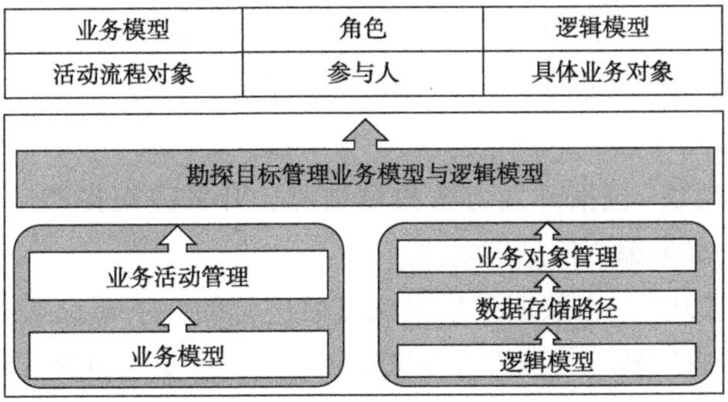

图 5－12　业务模型与逻辑模型转化关系示意图

更关注的是数据管理体系的稳定性和可扩展性。业务单元与业务活动场景的紧密关联，导致业务单元随着业务活动的变化而变得不稳定，同时，相同的业务活动在不同的组织机构下可能产生不同的业务数据。这些都给数据管理带来了挑战。

油气勘探智能决策的逻辑模型涵盖勘探数据全生命周期管理模式(图 5 – 13)，包括注册信息管理、主体流程、专业中心库、经济评价、审核打分、投资优化组合、用户权限管理等 7 个模块。

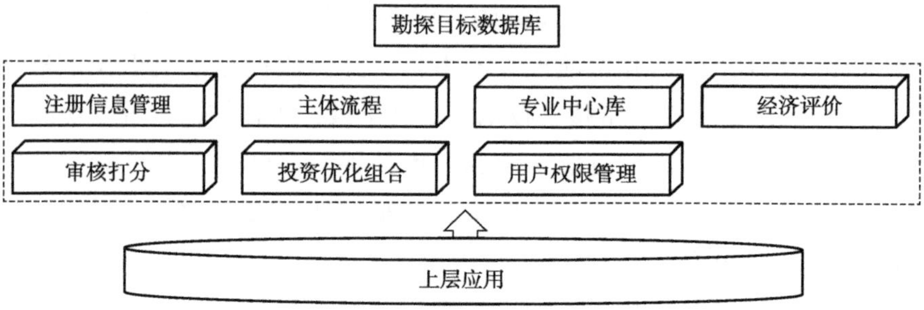

图 5 – 13　逻辑模型数据全生命周期管理模式示意图

“注册信息管理模块”主要是对业务活动中的基本信息进行注册。注册信息模块实体主要包括组织机构、构造、区块、油气田、油气藏、年代地层、盆地标准底层、资源量计算单元、储量计算单元、井、井筒、地震反射界面。

“主体流程模块”主要涵盖目标研究功能。主体流程模块的功能是完成目标注册、目标数据采集和目标评价工作。

“专业中心库模块”是勘探目标管理及评价系统的基础数据存储单元。该模块的实体包括原油可采储量、原油地质储量、原油潜在资源量、参考井位天然气组分、圈闭各目的层地质风险分析、圈闭地质风险分析、圈闭要素、天然气可采储量、天然气地质储量、天然气潜在资源量、岩心、岩性、断层、时深关系等。

“经济评价模块”包括开发方案投资估算、开发方案排产、开发方案产量、经济评价结果、成果编制信息等实体。

“审核打分模块”是在数据采集完成之后进行的，主要包括井位研究团队审核、井位质控专家审核、井位审查专家审核、技术委员会审核。审核打分模块的实体有质控模板、质控项、质控审核意见、质控版本信息、分配质控专家、分配打分专家、专家打分、打分模板、打分方案。

“投资优化组合模块”是在完成目标审核之后进行投资决策的智能方法。通过在储备成果库中设定四类[预探、评价、(滚动)预探、(滚动)评价]目标，挑选要参与投资组合的目标，录入每个目标的相关数据，设定约束条件。系统根据算法计算出一套投资优化组合方案。模块涉及的实体主要是参与投资优化组合的数据、进行投资优化组合的一些约束条件以及投资优化组合产生的结果，实体主要包括目标优选、排队参数，优化组合参数、优化组合结果等。

“用户权限管理模块”是在创建用户组的时候，为用户组分配相应的权限。

(3)物理模型。

物理模型则是逻辑模型在物理存储层面的具体实现，描述了数据在特定存储介质上的表示方式。该系统的物理模型包括注册信息、主体流程、专业中心库、经济评价、审核打分、投资优化组合与用户权限等。

“注册信息物理模型”包含组织机构、井、井筒等信息。组织机构注册表实体属性包括组织机构标识、机构类型代码、机构名称、机构简介、上级机构标识。井实体属性包括井标识、井名、井号、井类型代码、命名机构标识。井筒实体属性包括井筒标识、井标识、井筒号、井别代码、井型代码、所属圈闭标识、所属油气田标识。

“主体流程物理模型”包含年度批次研究计划表、任务活动表等(表5-3)。年度批次研究计划表实体属性包括年度批次研究计划标识、年度批次研究计划名称、开始日期、结束日期、计划负责人。

表5-3 主体流程物理模型

表	列名	代码	属性		
			唯一键	非空	精度
年度批次研究计划表：RTS_ANNUAL_BATCH_PLAN	年度批次研究计划标识	ANNUAL_BATCH_PLAN_ID	是	是	16
	年度批次研究计划名称	ANNUAL_BATCH_PLAN_NAME		是	50
	批次序号，如第×批	ANNUAL_BATCH_PLAN_BATCH		是	8
	开始日期	START_DATE		是	
	结束日期	END_DATE		是	
	所属单位标识	ORG_ID			16
	计划负责人	PLAN_RESPONSIBLE_PERSON			16
	状态：001：启动；002：关闭	CODE			20
	创建日期	CREATE_DATE			

续表

表	列名	代码	属性		
			唯一键	非空	精度
任务活动表：RTS_TASK_ACTIVITY	任务活动标识	TASK_ACTIVITY_ID	是	是	16
	活动标识	ACTIVITY_ID	是	是	8
	年度批次研究计划标识	ANNUAL_BATCH_PLAN_ID	是	是	16
	开始日期	START_DATE			
	结束日期	END_DATE			
	任务负责人	TASK_RESPONSIBLE_PERSON			16
	组织机构标识	ORG_ID			16
	状态	STATE			1
	任务审核时间	TASK_VERIFY_TIME			
	任务审核意见	TASK_VERIFY_SUGGESTION			255

“专业中心库物理模型”包含色谱质谱分析数据体、原油分析成果数据表等。其中，色谱质谱分析数据体实体属性包含体数据标识、检测项目标识、样品组合标识、体数据文件名称、体数据文件内容，原油分析成果数据表实体属性包含原油分析成果数据记录标识、检测项目标识、流体样品标识、原油密度、倾点、黏度、硫含量、沥青质、硅胶质、开口闪点、闭口闪点、含水量、馏程、初馏点、总馏出量、干点馏量、干点、灰分、残炭、燃点、凝固点、析蜡点、蜡熔点、机器杂质、盐含量、砂含量、沉淀物、胶质、蜡含量、酸含量、饱和蒸汽压、铜含量、铁含量、镍含量、铅含量、硅含量、钒含量、热值。

“经济评价物理模型”包含经济评价方案表、开发方案投资估算汇总表、开发方案排产表等。其中，经济评价方案表实体属性包括经济评价方案标识、目标信息标识、方案名称、审核状态、质量标识、录入人、填表日期、审核时间，开发方案投资估算汇总表实体属性包括开发方案投资估算汇总标识、开发方案投资估算项目标识、经济评价方案标识、投资额、质量标识，开发方案排产表实体属性包括开发方案排产标识、经济评价方案标识、圈闭标识、填表日期、质量标识。

“审核打分物理模型”包含质控专家分配表、质控专家圈闭关系表、质控版本信息表等。其中，质控专家分配表实体属性包含质控专家标识、用户标识、任务活动标识、分配人、分配时间、是否为组长，质控专家圈闭关系表实体属性包含质控专家标识、目标信息标识、开始日期、结束日期、备注、任务活动标识，质控版本信息表实体属性包含质控版本标识、目标信息标识、质控专家标识、质控时间、提交状态、审核状态、主要问题。

"投资优化组合物理模型"包含目标优选、排队参数表，投资优化组合参数设置表等。目标优选、排队参数表实体属性包含图表标题名称设置、y 轴坐标、x 轴坐标、y 轴坐标刻度、x 轴坐标刻度、地质风险方案、f_1 的权重、f_2 的权重、钻机条件、领域条件、常规井米成本设置、高温高压井米成本设置、深水井米成本设置，投资优化组合参数设置表实体属性包含投资优化组合标识、用户标识、总体目标、总体目标参数、成熟区探井比例、滚动区探井比例、新区探井比例、油探井比例、气探井比例、深水探井比例、浅水探井比例。

"用户权限物理模型"包含用户信息表、角色信息表等。其中，用户信息表实体属性包含用户标识、用户名、密码、姓名、邮箱地址、电话、用户状态、组织结构、备注、角色组标识，角色信息表实体属性包含角色标识、角色名称。

4）平台构建技术

为了提高开发效率与应用的安全性，系统采用模型、视图和控制器 + Windows 通信开发平台的架构设计。在后台，数据的访问和处理都是通过 Windows 通信开发平台以服务的形式发布。首先，主程序中控制器接收用户的请求，并决定应该调用哪个模型和 WCF 来进行处理；其次，模型用业务逻辑处理用户的请求并返回数据；最后，控制器用相应的视图格式化模型返回的数据，并通过表现层呈现给用户。

客户端开发平台和框架采用 Visual Studio，使用三层架构模式，前台使用 Handler 的模式进行数据访问，后台以基类的形式封装不同访问的子类，从而为不同需求的访问提供相应的逻辑，以松耦合的方式进行后台结构设计。数据库访问以 ADO. NET 与 EntityFrameWork 两种方式实现，既提供 SQL 语句进行复杂的多表联合数据库查询，又以 Model 实体形式进行数据操作，加快了数据库访问速度。客户端界面设计前台使用 MINIUI 框架进行界面设计，封装了专业的控件库，减少前台工作量，与后台以 JSON 对象形式进行数据交换，真正做到面向实体、面向对象的开发模式。

移动端采用 Visual Studio FrameWork4.5 作为开发平台；框架使用 MVC 的 B/S 设计模式，以方便使用和部署；开发语言采用 C#7.0。移动端界面设计采用 Html5 标准设计界面，并且满足对小屏幕的支持、CSS3.0 标准、脚本语言的兼容性，系统基于 JavaScript 的开发框架设计构建基于 Html5 的应用。

该平台主要应用的控件包括列表控件、表单控件、消息框提示控件、表格控件。其中：列表控件用于显示待办事项和已办事项的列表；表单控件用于在列表控件中显示具体的数据项表单；消息框提示控件用于提示用户不正确的数据填写或者操作；表格控件用于显示统计的数据项，便于移动端的合理布局。

5.4 油气勘探决策智能应用

5.4.1 勘探目标优选智能应用

1)勘探目标定量筛选

勘探目标定量筛选是数据通用功能模块的基础与核心。该查询方式不仅提高了数据检索的效率，还确保了数据的准确性与可靠性。勘探目标定量筛选功能模块包括数据查询、统计、报表输出功能(图 5－14)。“查询”字段允许研究人员选择想要查询的数据字段；“组合关系”可以将多个查询条件组合，实现更为复杂和精准的查询。

查询

序号	圈闭名称	层位	所属项目组	开始日期	完成日期	研究目的	备注
1	XX1	IL1	项目组1	2024/1/1	2024/1/15		
2	XX2	LL2	项目组2	2024/3/1	2024/3/15		
3	XX3	II1	项目组3	2024/7/1	2024/7/15		

成果资料

序号	下载	成果分类	成果资料	资料类型	采集人	采集时间
1	下载	查明和落实圈闭成果	目标优选圈闭要素表	报表	采集人1	2024/1/15
2	下载	查明和落实各类圈闭成果	区块主要二级或三级层序厚度图	图片	采集人1	2024/3/15
3	下载	圈闭资源量计算成果	圈闭潜在资源量表	报表	采集人2	2024/7/15

图 5－14　数据查询结果界面图

2)勘探目标智能优选

(1)参数设置。

参数设置是目标智能优选、排队与目标优化组合过程中的关键环节，关系到优选与组合的准确性和有效性，主要需要设置地质风险概率和钻井米成本两方面的参数。

(2)智能优选、排队。

目标智能优选、排队通过设定特定的约束条件，支撑勘探决策者快速识别出最具潜力和价值的目标，并通过选择 x 轴、y 轴的参数展示正态分布效果图。约束条件包括钻机资源(常规、高温高压、深水)与勘探领域(成熟区、滚动区、新区)。其中，x 轴、y 轴均可选择地质成功率、桶油成本、收益率、风险后井控可采储量、风险后资源量、资源量、井控储量、综合储量等参数(图 5－15)。

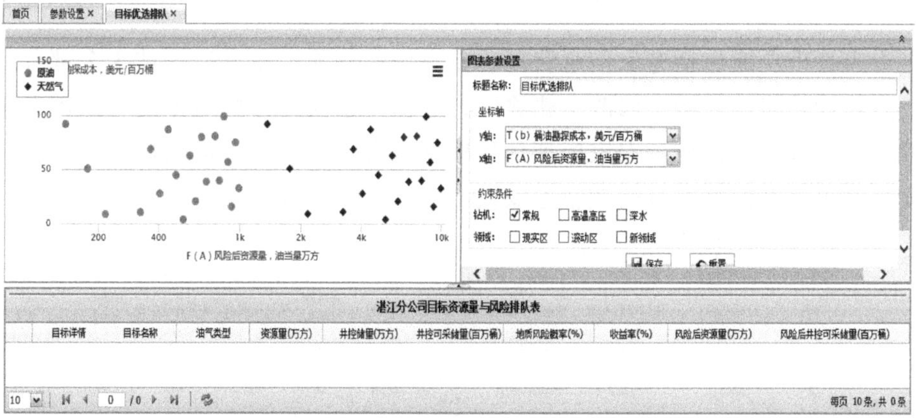

图 5－15　目标智能优选、排队界面图

(3)目标优化组合。

目标优化组合主要针对的是已经入库的目标，通过设置一定的组合条件，系统自动计算出最优组合，其具体操作有约束条件设置、目标组合、导出。具体功能包括：①约束条件设置功能可在界面中选择一定的约束条件，尽可能地达到投资小、储量大的效果。②系统目标组合功能将自动计算出最优的组合方案。③导出功能可将列表中的数据以 Excel 的形式保存到本地。

5.4.2　勘探投资决策智能应用

勘探投资智能决策的核心是以最小投资获得最多储量。勘探投资智能决策流程包含参数设置和投资优化组合两部分。①参数设置是指在储备成果库中设定预探、评价、(滚动)预探、(滚动)评价四类目标比例，从中挑选要参与投资组合的目标，并逐一录入每个目标的相关数据，如圈闭要素、地质风险、投资收益、设计井井位数据、设计井地层预测数据、潜在资源量，再设定约束条件，如总勘探投资允许最大值、井数、各领域探井比例允许浮动范围值、探井油气比例、探井深浅水比例以及各条件优先级(高、中、低)等，再选择计算方法，如效益最大化、风险最小化，选择整数规划或线性规划。②投资优化组合规划求解模型和技术均构架在“大数据”的知识库上，会根据投资决策参数的变化，自动匹配最优的约束边界值，在入库目标实时变化时可实现动态求解。

5.4.3 勘探专家评价定量分析

专家管理功能包括专家信息管理、专家任务分配、专家后评估3个部分。专家信息管理功能可新增、修改、删除信息等；专家任务分配是分配、撤销专家在不同目标审查中的任务；专家后评估是根据专家以往审核目标的情况，结合钻探后实际结果，系统根据算法调整专家权重值(图5－16)。

专家单项得分计算

序号	目标名称	井位审查专家	专家审核意见	钻探结果	初始分	通过率(%)	单目标得分	单项奖励计分	出勤率(%)
1	XX1	专家1	同意提交		1	95	96	98	100
2	XX2	专家2	修改后提交	实验分析不足	0.98	93	95	96	95
3	XX3	专家3	不同意提交	钻孔设计不足	0.95	90	92	94	96
4	XX4	专家4	同意提交		1	96	94	95	90
5	XX5	专家5	同意提交		0.8	86	90	93	80
6	XX6	专家6	同意提交		0.9	92	93	95	90
7	XX7	专家7	不同意提交	地质分析不足	1	88	92	96	90

……

图5－16　专家后评估设计界面图

5.4.4 勘探决策移动端应用

勘探目标研究决策支持系统移动应用的开发是为了让井位研究团队、井位质控专家组、井位审查专家组、技术委员会“3＋1”级打分审核等流程便利化，最终完成储备目标入库。

本章主要围绕勘探目标研究决策支持系统移动应用开发建设的关键技术，介绍建设实践成果，包括开发平台和框架、数据库选择、界面设计、功能实现、接口设计及日志系统设计等内容。

整个项目的表现层全部采用Html5来实现，除了实现静态内容的展现，还借助JavaScript实现动态交互内容。系统包含如下几类功能页面：

(1)待审核列表页面。

在该页面可以查看不同类型的待审核事项列表，勘探专家可以通过点击查看任意待审核事项，进入审核意见编辑页面。

(2)审核意见编辑页面。

在审核意见编辑页面，勘探专家可以查看该待审核事项的详情，包括资料准备、地震资料解释、评估意见等三个大类的信息，同时勘探专家还可以对各小项进行评估意见填写。

(3)审核意见提交页面。

在审核意见提交页面，勘探专家可以选择提交的评估意见类型和存在问题的描述。评估类型包含三种选项：同意、整改、不同意。

(4)审核意见浏览页面。

在审核意见浏览页面，勘探专家可以看到对该事项的各小项的审核意见，包括：测网密度、资料品质、顶底标定、速度分析、顶底构造图、顶底厚确定、孔/饱确定、油气产能、储层描述、测井测试、综合分析等。

(5)审核进度显示页面。

在审核进度显示页面，勘探专家可以查看该事项的审核进度和审核意见。

(6)审核结果分布情况显示页面。

在审核结果分布情况显示页面，勘探专家可以查看该事项的审核结果分布情况，包括目标名称，$A/B/C$ 各自的数量，$A \geqslant 2/3$ 的比例和$(A+B) \geqslant 2/3$ 的比例。同时下方还会显示该事项中的目标总数，以及其中 $A \geqslant 2/3$ 的数量和$(A+B) \geqslant 2/3$ 的数量。

6 海洋油气勘探数智化发展趋势分析

海洋油气勘探的数字化与智能化建设已经取得了令人瞩目的成果，并在实际应用中展现了强大的推动力，不仅极大地提升了勘探效率与精确度，更为莺歌海中深层高温超高压区域的油气资源勘探，以及琼东南盆地深水领域的复杂地质探索，带来了革命性的技术突破，先后发现东方 13－2、乐东 10－1 等高温高压气田和陵水 17－2、陵水 25－1 等深水天然气田。然而，海洋油气勘探业务已形成固有的知识体系及运作模式，继续推动海洋油气勘探数智化转型是一个复杂的系统工程，依然面临数据治理与应用建设、数智化复合人才培养、数智理念与流程建设、数据与网络安全管理、数据资产化运营管理等多方面的挑战。

6.1 数据治理与应用建设

数智化转型要取得真正的成功，其前提和基石在于通过全面而深入的数据治理，构建起一套标准统一、规模庞大、质量上乘的数据资源体系。这一体系不仅能够确保数据的准确性、一致性和完整性，还能够为企业的决策提供坚实的数据支撑，推动数智化转型的各个环节高效协同，实现数据价值的最大化。通用行业可快速获取海量的标准统一的数据资源，但海洋油气勘探行业的数据主要来自地下，“采集－传输－存储－管理－应用”这五个数据治理的核心环节均面临挑战：①数据采集：地下采集的勘探数据获取成本高，且具有即时性、多解性和不可验证性等特殊性质，需要精确的、可靠的、高成本的实时数据采集工具来保障数据的正确性；另外，由于数据质量不统一，需要建立更有效的数据质量管理框架来提高数据质量。②数据传输：由于海洋油气勘探作业远离陆地，相隔数百公里的海域，也需要构建大带宽、高可靠、远距离的融合通信网络来保障数据传输的稳定性。③数据存储：海洋油气勘探产生海量的数据，但数据标准、质量不统一。

由于存在多源异构数据与非结构化数据等多类型数据，海量数据存储一直是极大的挑战。④数据管理：勘探业务场景复杂，数据零散，原始数据积累不足，再加上安全合规、数据归属权等因素，导致数据管理面临挑战。⑤数据应用：由于勘探业务场景复杂，如何有效融合、深入发掘数据价值并建设数据应用场景也是勘探数智化转型中需要解决的关键问题。

为应对油气行业在数据采集精准度、数据传输稳定性、数据存储标准性、数据管理难度以及数据应用挑战等方面所面临的诸多问题，必须着手构建一个涵盖“采集－传输－存储－管理－应用”全链条的数据治理保障体系。主要聚焦以下方面：

(1)建立数据质量控制体系。为确保数据质量，应分别制定并发布勘探、开发、储量、钻完井、工程等不同专业板块的数据质量管理细则，这些细则应包括数据采集、传输、存储、管理、应用等各个环节的质量标准和要求，以及数据质量评估和监控的方法，以确保数据的准确性、一致性和完整性。

(2)保障数据采集设备设施质量。为了提高数据采集的精确性和及时性，应加大投入力度，部署更先进、高精度、更稳定、低功耗的数据采集设备，适应海上各种恶劣环境，确保数据采集的准确性和及时性。

(3)保障海陆数据传输的稳定性。针对海陆数据传输的稳定性问题，采用高可靠性的传输协议和设备，建立微波、散射、卫星、光纤等多种技术联合的海陆融合通信链路。应加强数据传输过程中的错误检测和纠正能力，确保数据在传输过程中不发生丢失或损坏。

(4)确保海洋油气勘探数据的存储。海洋油气勘探产生的数据量巨大，因此需要建立具备高容量、高性能、高可扩展性的大规模的数据中心，确保海量数据的安全存储和高效访问。

(5)推动数据价值发掘及应用场景建设。油气勘探数智化的核心要素包括数据采集与集成、数据分析与挖掘、智能决策与优化。为了充分发挥数据的价值，结合油气行业的实际需求，采用“数据分析应用大赛”等形式，以赛促用，以用促治，纵深推进数据治理工作，培育典型数据应用场景，开发具有实际应用价值的数据应用产品和服务，不断推动数据发掘和应用场景的建设。聚焦海洋油气勘探，可利用传感器、无人机、遥感等技术手段，实现对勘探区域地质、地球物理等多源数据的全面采集，通过数据集成平台，将多源数据进行整合和标准化处理，为后续分析提供高质量的数据基础，运用大数据、人工智能等技术手段，对海量勘探数据进行深度分析和挖掘，基于数据分析结果，运用智能决策算法，对勘探方案进行优化和调整，实现勘探作业的智能化管理和远程监控，提高作业效率和安全性。应用场景可包括构建集数据采集、处理、分析和决策于一体的智能勘探系统，实现勘探作业的自动化、智能化和高效化；通过物联网技术，实现对勘探作业现场的远程监控和实时预警，及时发现并处理异常情况，保障作业安全；建立勘探数据共享平台，促进不同部门、不同团队之间的数据共享和协同工作，提高数据利用效率，加速勘探决策过程。

6.2 数智化复合型人才培养

随着油气产业向数字化与智能化的转型进程加速，技术人员不仅需要掌握油气勘探、开发及生产的专业知识，还应具备计算机科学、大数据分析和人工智能等前沿技术。然而，油气产业中具备这种跨学科能力的复合型人才相对匮乏。造成这一现象的原因可能包括：首先，多数石油院校尚未开设与油气产业数智化发展紧密相关的专业课程，这导致了在培养相关人才方面存在一定的滞后性；其次，与互联网等高薪行业相比，油气行业的薪酬水平较低，这在一定程度上抑制了数智化人才向油气产业的流动。

油气企业在缺乏具备跨学科能力的复合型人才的情况下，在推进数字化与智能化项目时可能会遭遇技术方案难以落实、项目进度受阻等挑战，这同样限制了油气产业在数智化转型方面的持续创新能力。确保数智化转型的长期稳定发展，必须构建一套科学、合理且可行的制度体系，形成全面的数智化转型长效管理机制(图6－1)。通过制度的规范与激励，应着重推动专业团队、评估体系、思维模式和企业文化四个关键领域的建设。

1)打造复合型数智化人才队伍

为了实现油气行业的数智化，首先需要通过多种途径，打造一支“油气专业知识与数智化技能”兼备的复合型人才队伍。

(1)加强人才培养：通过企业、高校及相关机构的交流合作，加强数智化转型的专业课程和培训教育。企业可以与高校等建立人才合作关系，共同推动高校、企业的人才培养体制与企业的实际需求接轨，设立油气行业数智化发展的专业课程和培训项目，紧跟行业发展步伐，定向培养和输送优秀人才。

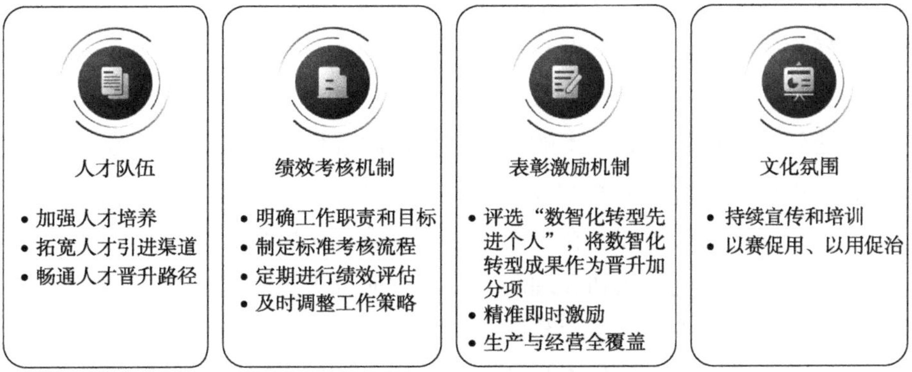

图 6－1　全方位的数智化转型长效管理机制示意图

(2)拓宽人才引进渠道：油气企业在招聘数智化人才时，应拓宽招聘渠道，如利用社交媒体、专业人才网站等平台进行广泛招聘。同时，油气企业还应通过改善工作环境、提升薪酬待遇、提供职业发展机会以及设立激励机制等方式，增强对市场上高端数智化复合型人才的吸引力。

(3)畅通人才晋升路径：通过制定与完善配套的人力资源管理制度，并特别为“数智化”专业队伍设立独立的晋升通道，企业能够更有效地激发员工的积极性和创造力。这一举措旨在明确数智化人才的职业发展路径，为他们提供更多的成长机会并拓展上升空间，从而鼓励员工在数智化领域不断深耕，积极贡献自己的智慧和力量。

通过这些体制机制改革，培养、吸引并留住这些复合型人才，为油气行业的数字化、智能化发展提供坚实的人才支撑。

2)全员覆盖的数智化个人绩效考核机制

在实现油气行业数智化的过程中，建立全员覆盖的数智化个人绩效考核机制能够确保每位员工都明确自己的数智化转型工作职责和目标，并按照既定的标准和流程来开展工作。通过实施定期的绩效评估体系，企业能够精准地评判员工的工作表现与实际成果，并据此迅速调整工作策略与方向。这种考核机制不仅是对员工工作行为的有效规范，更是激发其内在动力的源泉，有力地促使员工积极投身于数智化实践，不断精进自身的专业能力和提升工作效率，追求卓越。

3)建立数智化转型评比表彰激励机制

通过评选“数智化转型先进个人”，将数智化转型成果作为晋升加分项，同时采用精准且即时的激励机制，全面点燃和调动员工对数据治理工作的热情和积极性。构建并落实这一数智化转型的评比、表彰与激励机制，对于加速推进企业的数智化转型具有举足轻重的意义。

4)全方位营造数智化转型的文化氛围

数智化转型不仅代表着技术的变革，更标志着思维方式和行为习惯的根本性转变。为了推动油气行业的数智化发展，企业需全方位营造数智化氛围。首先，需要通过持续的宣传和培训，在公司内部倡导数智化思维、推广数智化工具和方法，增进员工对数智化的认知和理解，让每位业务人员都能深植“数智化 DNA”。其次，要在实际工作中不断强化数智化的重要性，鼓励员工主动拥抱数智化工具和方法，以此来提高工作的效率与精确度。再次，积极倡导员工间的知识共享与协作精神，鼓励他们在数智化实践中相互交流、紧密合作。最后，通过定期的评估和反馈，可以不断优化数智化的流程和方法，确保整个团队始终保持在数智化的前沿。通过上述举措，达成人人讲“数智化”、人人“数智化”干工作的共识，镌刻“数智化 DNA”，通过强化团队协作与知识共享的文化，我们将有力推动数智化目标的快速实现，共同迈向更加智能、高效的未来。

综上所述，油气行业的数据治理工作要想实现“长治久安”，短期可以依赖领导力推进，长期则需要依靠科学、合理的制度体系，通过构建专业队伍培养复合型人才、制定数智化转型培训机制、建立全员覆盖的考核机制以及营造积极的数智化文化氛围等举措，让“数智化 DNA”深刻烙印在员工的心中，共同推动油气行业的数智化转型升级。

6.3 数智理念与流程建设

在油气行业推进数智化转型的进程中，挑战不仅源自技术层面的更新换代，更在于打破传统思维观念与既有业务流程的桎梏。长期以来，行业内部分人员受固有观念影响，往往偏重稳定性而轻视创新性，更倾向于维持现有的运营模式，对数智化转型所带来的全新运营模式，他们表现出较低的接受度，这种心态在一定程度上制约了数智化转型过程中的探索精神。当前，传统的业务流程往往烦琐复杂，且不同公司/部门之间存在壁垒，信息流通不畅，已经习惯于依赖纸质文档和人工操作去运行传统业务流程，尽管深知此方法效率较低且容易出错，但是又难以梳理出能满足数智化转型的新业务流程。需要根据企业实际情况，加强员工培训，引导企业员工转变传统观念，提升其对新技术、新理念的认知和接受度，以适应数智化转型的需求。需要制定科学的数智化转型总体部署，简化和优化业务流程，去除不必要的环节，引入数智化技术，提高业务流程的智能化水平。需要打破部门壁垒，优化资源配置，建立跨部门协作机制，确保关键部门得到足够的资源支持，协同推动数智化转型。

6.4 数据与网络安全管理

在油气行业加速推进数智化转型的广阔背景下，数据与网络安全的风险问题愈加显著，其背后的原因是多方面的：

(1)技术融合带来的新挑战：随着5G、大数据等新技术在油气行业的广泛应用，原本封闭的系统、数据和网络逐渐与互联网连接，从而暴露在更多的潜在攻击者面前。

(2)安全防护的滞后：在数智化转型初期，很多企业对网络安全的重视程度不够，导致安全防护措施滞后于技术发展的步伐。

(3)人为操作失误：员工的安全意识不足或操作不当，可能导致数据泄露或系统被攻击。

数据与网络安全风险的类别包括如下几个方面：

(1)数据泄露风险：油气行业在数智化转型过程中产生了大量的数据，一旦泄露，可能对企业的组织机构、人力资源与商业机密造成不利影响。

(2)网络攻击风险：黑客可能利用漏洞或恶意软件对企业网络进行攻击，导致系统瘫痪、数据被篡改或勒索病毒暴发等后果。

(3)工业控制系统安全风险：随着OT与IT的融合，工业控制系统也面临着越来越多的网络安全威胁。一旦这些系统被攻击，就可能导致生产中断或设备损坏等严重后果。

随着油气行业数智化转型步伐的加快，数据和网络安全风险问题愈加凸显，亟须采取切实有效的措施来筑牢油气行业的数据和网络安全防线。对此，我们提出如下对策建议：

(1)制定有效的数据安全政策：企业应构建明确的数据安全政策体系，该体系涵盖数据分类、存储管理、处理流程和传输规范等维度，同时着重强调数据的保密性、完整性和可用性保障，并清晰界定各级员工在数据安全方面的具体职责。为确保敏感数据的安全，应采取加密措施，无论是数据传输还是存储环节，均需保证数据的安全性。此外，企业还应制定并实施数据备份和恢复策略，有效防范数据丢失或损坏的风险。同时，通过采用严格的访问控制机制和身份验证机制，严格限制对敏感数据的访问权限，确保数据的安全可控。

(2)建立网络安全管理制度：企业应建立完善的网络安全管理制度，包括网络安全事件的预防、检测、响应和恢复等方面的规定，明确网络安全的管理职责和流程，确保网络系统的安全稳定运行，建立网络安全“平战结合”防护机制，提高应对网络安全事件的能力；定期对网络系统进行安全漏洞扫描和风险评估，及时发现并修复安全问题；部署防火墙、入侵检测系统等网络安全设备，预防外部攻击。

6.5　数据资产化运营管理

尽管油气行业在数据治理领域已取得初步成果，但部分业务领域的数据仍因缺乏统一的管理标准和规范而未能得到有效治理。同时，油气企业内部各业务部门间的信息壁垒问题依旧存在，阻碍了数据的跨域共享与融合，进而影响了数据要素的高效运转和全面感知，严重制约了油气行业在全域数据资产化运营管理方面的进程。构建油气行业全域数据资产化运营模式是一个系统工程，需要企业从系统谋划、资产评估到试点应用等多个方面并行推进，以实现数据要素的全面感知和高效运转。

1)系统谋划：构建共建共享的全域数据资产运营管理格局

从企业系统管理层面进行谋划，设立“数据资产化运营中心”，聚焦数据全域治理、深化资产运营、释放数据价值，以资产价值化、运营体系化、价值最大化为目标，从组织机构、资产梳理、资产分析、价值应用四个方面一体化推进数据资产运营(图6－2)。要确保数据在体系内得以高效顺畅地流转，从而充分发挥其作为基础资源及创新引擎的作用，构建出一个由数据驱动的创新体系和发展模式。此模式将极大地促进数据的流通与使用效率，并有助于推进数据产权确立和安全治理工作。同时，我们应充分利用海量的数据资源和丰富的应用场景优势，为传统产业的转型升级注入新动力，着力培育以数据为核心要素的新质生产力，增强公司的核心功能、提升核心竞争力。

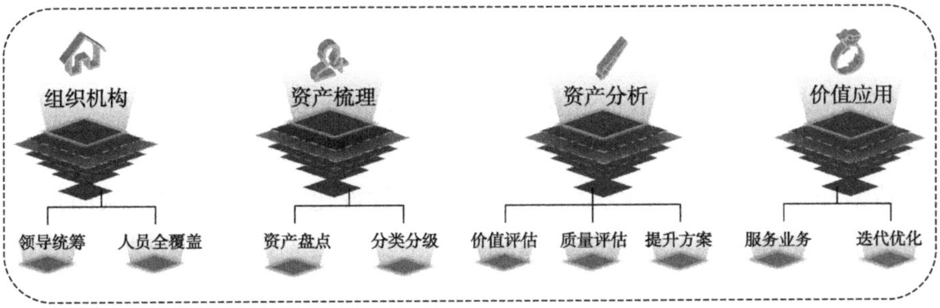

图 6-2　全域数据资产运营中心核心功能

2)资产评估：厘清“数据账本”

开展全域数据资产盘点和价值评估工作，厘清“数据账本”。通过专业的评估方法和技术手段，对数据的质量水平、价值和潜在风险进行全面评估，从而编制出清晰准确的数据账本。这一举措将助力企业深刻洞察自身的数据资产状况，为数据的资产化运营奠定坚实的基础，提供强有力的保障。

3)试点应用：以点带面逐步培育

在油气行业数据资产化运营的初期阶段，宜选取具有代表性的业务领域或专业范畴作为试点先行区。通过“小而精”的项目实践，深入探索数据资产化运营的具体模式和实施路径。在试点过程中，应着重加强跨业务和跨专业的协同合作与资源整合，致力打破部门间的壁垒、消除信息孤岛，从而实现数据的全面共享和高效利用。通过试点项目的成功范例，逐步推广数据资产化运营模式，推动整个油气行业的数智化转型和升级。

6.6　试点与示范工程建设

数智化转型作为行业发展的重要趋势，其实现过程需要巨额的资金投入，涵盖软硬件设置的更新换代、专业人才的培育发展以及系统的整合优化等方面；但是，数智化转型所带来的显著成效与可观回报并非一蹴而就，而是需要历经较长时间的过程。因此如何在投资与回报之间做好经济账，成为企业决策者关注的焦点。

在油气行业数智化转型的初期，由于需要大规模的资金注入与技术磨合，企业短期内可能会面临经济效益的波动。然而，决策者应尊重“数智化转型需要一个长期的过程”这一客观发展规律。企业在追求短期经济效益的同时，亦需考虑长远的转型发展需求，确保资源的合理分配，维系两者间的动态平衡。油气企业应立足长远，从数智化转型与经济效益协调发展的战略高度审视经济账，分阶段、有步骤地推进转型工作，精心打造具备良好经济社会效益的样板工程。借助数智化转型样板工程的成功经验，引领各领域数智化转型的深化，从而提升企业的核心竞争力，确保企业在激烈的市场竞争中保持领先地位，实现长期的可持续发展。

在具体实施层面，应着重关注以下几个方面：①明确投资目标。在启动数智化转型样板工程前，应明确转型的目标和预期回报，以便科学规划投资规模和方向。②实施精细化成本管理。对数智化转型过程中的各项成本进行细致入微的管理，规避无效投资与重复投资，确保每一笔投资都能产生最大效益。③量化收益评估。建立科学的收益评估体系，定期对数智化转型的成效进行量化评估，以便根据评估结果及时调整投资策略，确保转型工作的稳步推进。

展望未来，海洋油气勘探的数智化转型之路虽充满重重挑战，但随着行业的持续发展和新一代信息技术的日新月异，油气行业亟须紧跟时代步伐，积极拥抱数智化浪潮，重塑生产管理体系，推动数字化转型与智能化发展的全面提速，最大限度地释放数字红利，助力油气增储上产、油田提质增效，引领整个产业向更高质量、更高效率的发展阶段稳步迈进，开启油气行业发展的新篇章。

参考文献

[1]廖晋，金云智，吴迅达，等．海洋油气勘探目标全生命周期管理创新与实践[J]．石油科技论坛，2018，37(5)：9－13，23.

[2]徐琛杰，周翔，彭鑫，等．面向微服务系统的运行时部署优化[J]．计算机应用与软件，2018，35(10)：85－93.

[3]辛园园，钮俊，谢志军，等．微服务体系结构实现框架综述[J]．计算机工程与应用，2018，54(19)：10－17.

[4]王水波．基于Web前端数据可视化研究与应用[D]．西安：西安电子科技大学，2017.

[5]刘伯艳．数据可视化系统框架可扩展方法的设计与实现[D]．北京：北京交通大学，2017.

[6]张晶，黄小锋．一种基于微服务的应用框架[J]．计算机系统应用，2016，25(9)：265－270.

[7]邹逸江，杨晓平．空间数据立方体的技术框架[J]．计算机应用研究，2006(10)：27－29.

[8]梁党卫，石浩．知识管理系统在石油企业中的应用研究[J]．计算机应用与软件，2014，31(9)：329－333.

[9]陈序明，焦海星，马力．基础数据服务组件的设计与实现[J]．计算机工程与设计，2007(5)：1140－1143.

[10]陈亚楠，谢声时，邢诒俊．SVG技术分析[J]．华南金融电脑，2009，17(8)：46－47.

[11]潘玉春，胡剑锋，朱玉付．WEB可视化技术在电网大数据场景下的应用研究[J]．电力大数据，2019，22(3)：8－12.

[12]杨耀忠，韩明，张社好，等．油田数据中心数据服务引擎研究[J]．内蒙古石油化工，2017，43(9)：25－27.

[13]肖波，景帅，吴建军，等．基于模型驱动的中国石化企业数据中心模型架构[J]．大庆石油学院学报，2012，36(1)：2，11，78－82.

[14]吴琚玲，丁宁，夏如君，等．数据管理现状调研报告[R]．内部报告，2011.

[15]夏如君，金云智，曾小明，等．海洋石油一体化数据中心建设技术与应用[M]．北京：中国石化出版社，2020.

[16]熊方平，马进山，陈新燕，等．中国石油一体化勘探开发数据模型研究与实践[J]．信息技术与信息化，2011(3)：49－55，60.
[17]李厚贵，段鸿杰．油田数据中心建设的数据集成模型[J]．数字化工，2005(21)：51－54.
[18]高铁钢．油田勘探开发一体化业务协同平台建设创新与实践[J]．石油科技论坛，2014，33(4)：40－45.
[19]吴林强，张涛，徐晶晶，等．全球海洋油气勘探开发特征及趋势分析[J]．国际石油经济，2019，27(3)：29－36.
[20]吴海莉，龚仁彬．中国石油油气生产数字化智能化发展思考[J]．石油科技论坛，2023，42(6)：9－17.
[21]马涛，杜金虎，杨剑锋，等．勘探开发梦想云平台推进智慧油气田建设[C]//西安：长安大学．第六届数字油田国际学术会议论文集．2019：150－155.
[22]杜金虎，时付更，张仲宏，等．中国石油勘探开发梦想云研究与实践[J]．中国石油勘探，2020，25(1)：58－66.
[23]匡立春，刘合，任义丽，等．人工智能在石油勘探开发领域的应用现状与发展趋势[J]．石油勘探与开发，2021，48(1)：1－11.
[24]赵睿．人工智能和地理信息系统技术在石油勘探开发中集成应用的一种设想[J]．中国石油勘探，2007(3)：64－68，3.
[25]施涛，张海霞．智能油田怎样更智能[J]．中国石油石化，2021(7)：38－41.
[26]王禹钦，高博颢，孟芳芳．基于AI的油气管道数字孪生技术专利分析[J]．石油科技论坛，2023，42(3)：86－92.
[27]滕奇刚．吉林油田低成本物联网建设与应用[J]．石油科技论坛，2023，42(3)：65－71.
[28]甘振维，路智勇，李四海，等．江汉油田数字化转型探索与实践[J]．石油科技论坛，2023，42(3)：41－47.
[29]刘合．人工智能驱动油气行业高质量发展[J]．石油科技论坛，2023，42(3)：3－4.
[30]段鸿杰，马承杰，董琰，等．胜利油田数字化转型实践与成效[J]．石油科技论坛，2023，42(3)：48－55，64.
[31]刘合．石油勘探开发人工智能应用的展望[J]．智能系统学报，2021，16(6)：985.
[32]张恩莉，康强．西南油气田勘探开发协同研究模式探索与实践[J]．石油科技论坛，2023，42(3)：56－64.
[33]李剑峰．油气工业数字化智能化发展趋势[J]．石油科技论坛，2023，42(3)：10－21.

[34]刘合．油气勘探开发数字化转型　人工智能应用大势所趋[J]．石油科技论坛，2023，42(3)：1－9，47.
[35]郭福军．油田企业经济评价数字化模式探讨[J]．石油科技论坛，2023，42(3)：72－78.
[36]胡建国，马建军，李秋实．长庆油气田数智化建设成果与实践[J]．石油科技论坛，2023，42(3)：30－40.